电缆线路工程
安全文明施工
设施标准化配置手册

主编　梁广林　周运涛　陈传贤　杨柱伦
主审　张言权　陈锡彪

武汉理工大学出版社
·武　汉·

图书在版编目（CIP）数据

电缆线路工程安全文明施工设施标准化配置手册 / 梁广林等主编 .—武汉：武汉理工大学出版社，2022.8

ISBN 978-7-5629-6620-3

Ⅰ.①电…　Ⅱ.①梁…　Ⅲ.①电力电缆－工程施工－文明施工－标准化管理－手册　Ⅳ.① TM726.4-62

中国版本图书馆 CIP 数据核字（2022）第 101431 号

责任编辑：李兰英
责任校对：张明华
装帧设计：武汉艺欣纸语文化传播有限公司
出版发行：武汉理工大学出版社
社　　址：武汉市洪山区珞狮路 122 号
邮　　编：430070
网　　址：http://www.wutp.com.cn
经　　销：各地新华书店
印　　刷：武汉市金港彩印有限公司
开　　本：787mm × 1092mm　1/16
印　　张：13.25
字　　数：269 千字
版　　次：2022 年 8 月第 1 版
印　　次：2022 年 8 月第 1 次印刷
定　　价：49.00 元

凡购本书，如有缺页、倒页、脱页等印装质量问题，请向出版社发行部调换。
本社购书热线电话：027-87384729　027-87391631　027-87165708（传真）

编 委 会

主　编：梁广林　周运涛　陈传贤　杨杜伦

副主编：张启玲　易林锁　张伟彪　黄国欢　谢海强　吴柱荣
黄贺年　吴家泰　黄宾南　刘国彪　徐秀生　蔡裕兴
罗灼辉　张凯生　林　森　李俊铭　范灿辉　王　俭
王　可

参　编：赵玉坤　丁超膑　王　坤　袁钰涵　谢　帆

主　审：张言权　陈锡彪

前言

为贯彻落实“安全第一，预防为主，综合治理”的国家安全生产方针，执行国家有关安全生产方面的法律法规、规范标准及南方电网公司相关规定，规范电网工程安全生产和文明施工管理，提升施工现场安全生产标准化管理水平，编者总结多年来的工程施工经验，以图文并茂的形式编写出《电缆线路工程安全文明施工设施标准化配置手册》，供电力工程施工企业参考借鉴，以期通过标准化、规范化的运行，使电力工程施工企业在电缆线路工程施工中实现安全管理，消除安全隐患，杜绝安全责任事故。

本书将电缆线路工程安全文明施工设施标准化配置方面的内容分为5章。第1章为通用部分，整理编写了输变电工程建设中通用的安全设施配置及要求；第2章为项目部配置，对输变电工程建设项目部办公区和生活区的安全设施配置及要求进行了汇编；第3章为生产临建区，对钢筋/电气材料加工区、木材加工区、混凝土搅拌区、危险品存放区、材料/设备临时堆放区等的安全设施配置及要求进行了汇编；第4章为隧道施工区，对明开作业、暗挖作业、盾构电力隧道施工等方面的安全设施配置及要求进行了汇编；第5章为电缆线路安装施工区，对电缆敷设、电缆附件安装、电缆试验等方面的安全设施配置及要求进行了汇编。

编者本着以人为本的编写理念，为便于不同作业区域人员使用，书中会有同一安全设施配置、要求及图例在不同章节重复出现的现象，主要是为了方便读者阅读，避免前后查找，特在此说明。

由于编者水平有限，书中难免存在错误和不足之处，敬请读者批评指正。

编　者

2022年3月

目录
Contents

1 通用部分

目录
Contents

3 生产临建区

目录
Contents

目录
Contents

1 通用部分

1.1 着装要求

◎ 普通安全帽

规格 符合GB 2811—2019《头部防护　安全帽》要求。

（1）产品标准要求

①经国家指定检验机构检验合格，取得安全认证。

②符合国家标准GB 2811—2019、GB 2812—2006中对安全帽的规定。

（2）使用方法

佩戴必须标准，头顶与帽顶空洞至少有32mm距离；帽带必须扣在下颚并系牢，松紧要适度。

（3）安全帽上应有公司标志、编号，并按编号固定位置存放。文字图形的颜色根据不同的背景可选择白色或企业标准色（C100 M69 Y0 K38）。

（4）颜色要求

分红、黄、白、蓝四色。红色为管理人员使用，黄色为运行人员使用，蓝色为检修（施工、试验等）人员使用，白色为外来参观人员使用。

（5）存放要求

不应存放在酸、碱、高温、日晒、潮湿等环境中，更不可和硬物存放在一起。

安全帽示例见图1.1-1和图1.1-2。

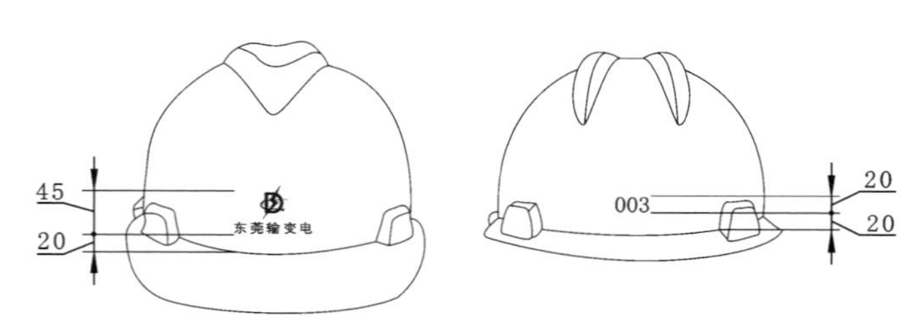

▶ 图1.1-1　安全帽的尺寸（mm）

▶ 图1.1-2　安全帽的颜色

工　作　服

规格　自定。

（1）班组人员应统一穿着公司配置的工作服。

（2）服装正面有具体单位的名称，字体为黑体，背面有公司标志与中文组合（中置式）。

工作服示例见图1.1-3。

▶ 图1.1-3　工作服

工 作 鞋

规格 自定。

应根据工种、季节和作业场所选择合适的工作鞋，登高作业人员必须穿着软底鞋。

工作鞋示例见图1.1–4。

▶ 图1.1–4 工作鞋

五 彩 马 甲

规格 自定。

施工人员需配备五彩马甲。五彩马甲分别由橙、红、蓝等五种颜色组成，采用透气耐磨材质。

五彩马甲示例见图1.1–5。

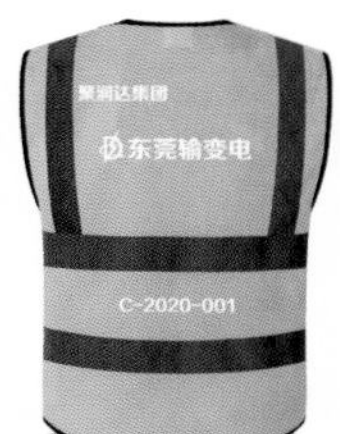

参观人员服装效果图

电气人员服装效果图

土建人员服装效果图

管理人员服装效果图

其他人员服装效果图

▶ 图1.1-5　五彩马甲

保　安　服

规格 自定。

须统一为门卫配置保安服，保安服多为深色系列职业服装，如蓝灰色外衣搭配浅灰色衬衣。

保安服示例见图1.1-6。

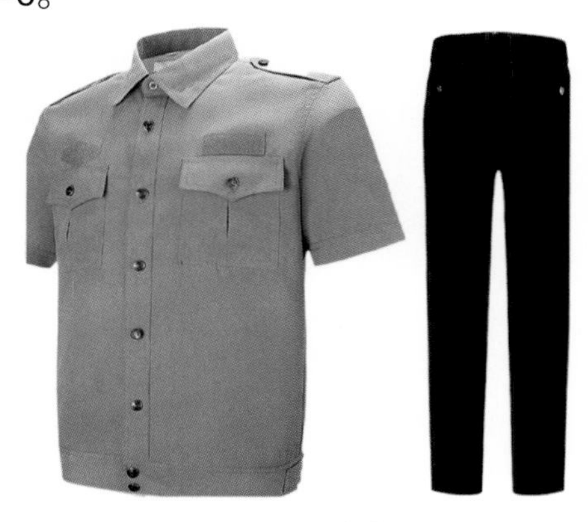

▶ 图1.1-6　保安服

◎ 个人防护用品的正确佩戴

规格 自定。

在作业人员上岗的必经之路旁，应设置“个人防护用品正确佩戴示意图”，还可增设“安全文化宣传”标牌。作业人员上岗前，安全管理人员在此检查、督促作业人员正确佩戴个人安全防护用品。

个人防护用品的正确佩戴示意图见图1.1–7。

▶ 图1.1–7　个人防护用品的正确佩戴示意图

1.2 个人防护用品

安 全 带

规格 符合GB 6095—2021《坠落防护　安全带》要求。

（1）依据作业条件选择半身式安全带或全身式安全带。

（2）安全带的材料

安全带和安全绳务必用锦纶、涤纶、蚕丝料制成。电工围杆带可用黄牛皮革带。金属配件用普通碳素钢或铝镁合金制成。包裹绳子的套用皮革、维纶或橡胶制成。安全带的腰带和保险带、绳应有足够的机械强度，材质应有耐磨性，卡环（钩）应具有保险装置。保险带、绳使用长度在3m及以上的应加缓冲器。

（3）使用安全带前应进行外观检查

①组件完整、无短缺、无伤残破损；②绳索、编带无脆裂、断股或扭结；③金属配件无裂纹、焊接无缺陷、无严重锈蚀；④挂钩的钩舌咬口平整不错位，保险装置完整可靠；⑤铆钉无明显偏位，表面平整。

（4）安全带应系在牢固的物体上，禁止系挂在移动或不牢固的物件上，不得系在棱角锋利处。安全带要高挂和平行拴挂，严禁低挂高用。

（5）在杆塔上工作时，应将安全带后备保护绳系在安全牢固的构件上（带电作业时视具体任务决定是否系后备保护绳），不得失去后备保护。

（6）安全带使用期一般为3～5年，应定期检查，发现异常后应提前报废处理。

安全带示例见图1.2–1。

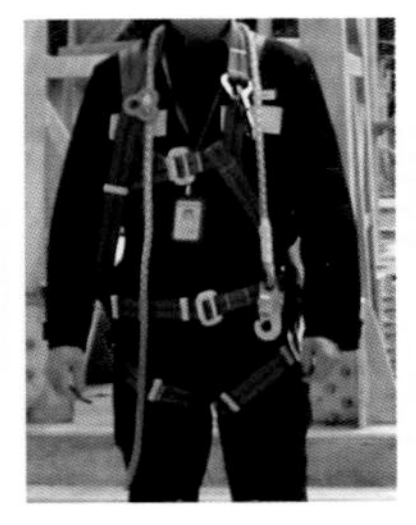

图1.2-1　安全带

防护手套

规格　自定。

从安全生产的角度来说，手是人体受伤害率最高的部位。电力行业选择使用的手套一般分为普通手套、防化手套、皮革手套和绝缘手套。手套的各项技术参数必须符合相关技术规范，并应按照公司相关穿戴要求执行。

（1）普通手套

①根据作业条件选用帆布手套或棉纱手套。

②操作车床、钻床、铣床、砂轮机、传送机等机器或靠近机械转动部分时，严禁戴手套作业。

（2）防化手套

①进行防水作业或在酸碱环境中作业时选用天然橡胶、合成橡胶手套。

②使用前要仔细检查手套是否破损、老化。若破损、老化，则不能使用。

③手套使用后应冲洗干净、晾干，保存时要避免高温，并在手套上撒滑石粉以防粘连。

（3）皮革手套

进行焊接作业时应选用皮革手套或翻毛皮革手套，手套上应避免油污，以免引起焊接事故。

（4）绝缘手套

①专业电工、振捣工、打夯工等使用。

②电气化作业选用绝缘手套，使用前必须检查，禁止使用破损产品。

③定期检验绝缘性能，合格者方可使用。

普通手套、防化手套及皮革手套示例见图1.2-2，绝缘手套示例见图1.2-3。

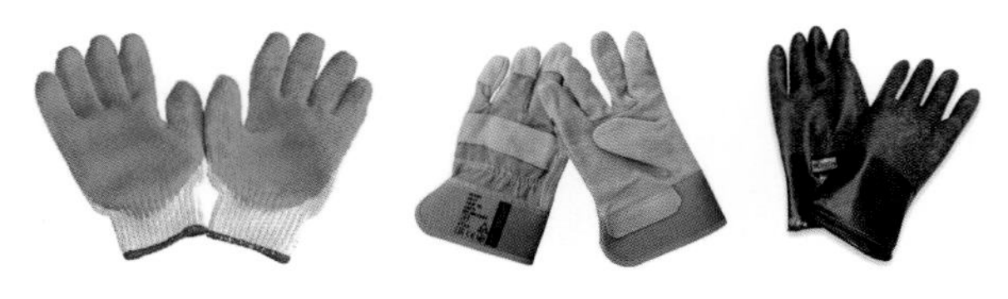

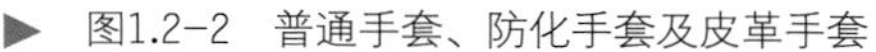

▶ 图1.2-2 普通手套、防化手套及皮革手套

▶ 图1.2-3 绝缘手套

◎绝 缘 鞋

规格 **自定。**

（1）应经常对绝缘鞋进行外观检查和维护，定期检查其绝缘性能。

（2）发现绝缘鞋受潮或磨损严重时，禁止使用。

（3）带电作业的人员和在运行设备附近作业的人员必须穿着绝缘鞋。

绝缘鞋示例见图1.2-4。

▶ 图1.2-4 绝缘鞋

◎ 防护眼镜、手持式电焊面罩及防尘口罩

防 护 眼 镜

规格 自定。

（1）产品必须符合合格产品的相关技术需求。

（2）作业人员在存在飞溅物和火花的环境下或在光线耀眼、有烟雾等环境下使用时，应避免防护眼镜滑落，并要做好保管和定期维护工作。

手持式电焊面罩

规格 自定。

（1）产品必须经国家指定部门鉴定，达到合格品技术要求的产品方可使用。

（2）用于电焊作业，具有双重滤光作用，可避免电弧产生的紫外线和红外线对人体造成伤害，还可以有效防止作业中出现的飞溅物和有害物等对脸部造成伤害。

防 尘 口 罩

规格 自定。

（1）产品必须经国家指定部门鉴定，达到合格品技术要求的产品方可使用。

（2）适用于室内或室外粉尘性作业场所。

防护眼镜示例见图1.2-5，手持式电焊面罩示例见图1.2-6，防护口罩示例见图1.2-7。

▶ 图1.2-5 防护眼镜

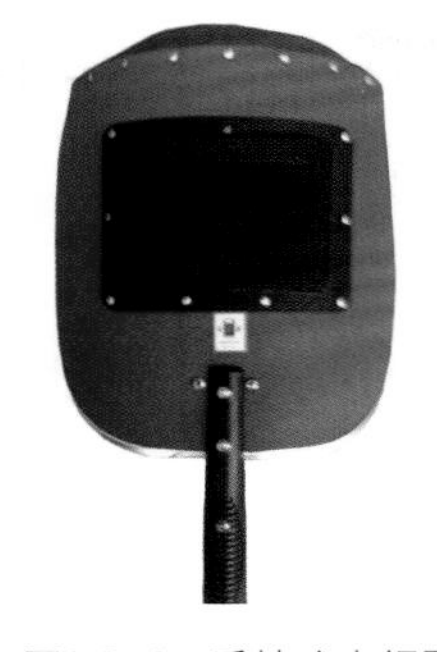

▶ 图1.2-6 手持式电焊面罩

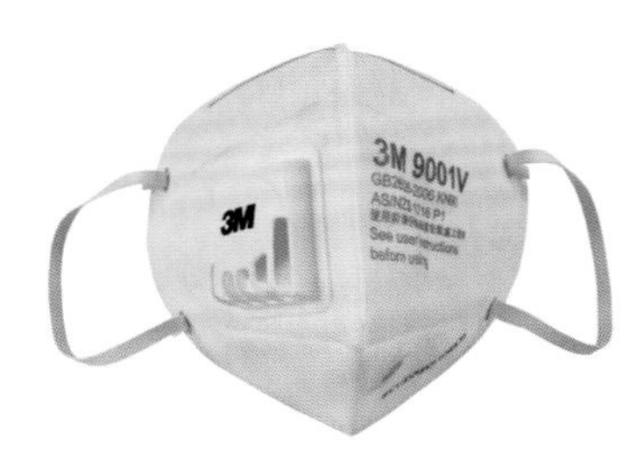

▶ 图1.2-7 防护口罩

◎ 个人保安线

规格 **横截面面积不小于16mm²。**

（1）作业地段如有邻近、平行、交叉跨越的线路、母线及带电设备时，为防止感应电压伤人，在需要接触或接近导线、设备、构架等处时，应使用个人保安线。

（2）个人保安线应在接触或接近导线、设备、构架等处的作业开始前挂接，作业结束脱离导线后拆除。装设时，应先接接地端，后接导线端，且应接触良好，连接可靠。拆个人保安线的顺序与此相反。个人保安线由作业人员自行负责装、拆，并做好装、拆记录。

（3）个人保安线应使用有透明护套的多股软铜线，横截面面积不得小于16mm²，且应带有绝缘手柄或绝缘部件。不得用个人保安线代替接地线。

个人保安线示例见图1.2-8。

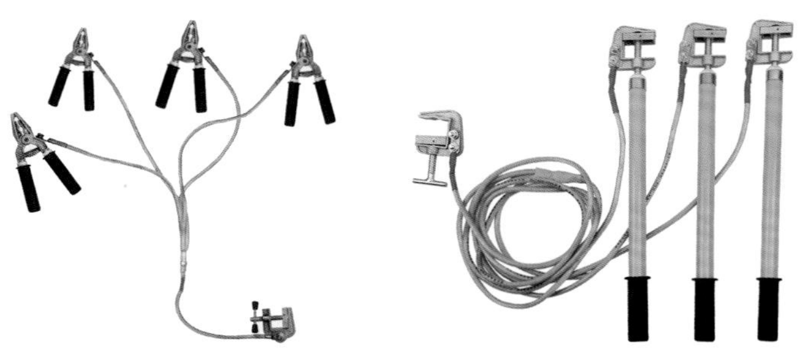

▶ 图1.2-8 个人保安线

◎ 垂直攀登自锁器

规格 符合GB 6095—2021《坠落防护 安全带》要求。

垂直攀登自锁器（含配套缆绳或轨道）：用于预防高处作业人员在垂直攀登过程受到坠落伤害的安全防护用品。一般分为绳索式攀登自锁器和轨道式攀登自锁器。线路工程作业应使用绳索式攀登自锁器。220kV及以上变电工程作业人员工作时应使用轨道式攀登自锁器。

（1）绳索式攀登自锁器结构设置

主绳应根据需要在设备构架（或塔材）吊装前设置好；主绳宜垂直设置或沿攀爬物设置，上下两端应固定，在上下同一保护范围内严禁有接头；主绳与设备构架（或杆塔）的间距应能满足自锁器灵活使用。

（2）轨道式攀登自锁器结构设置

轨道应根据需要在设备构架吊装前设置好，且应固定可靠，轨道与设备构架的间距应能满足自锁器灵活使用。

（3）使用要求

①自锁器的使用应按照产品技术要求进行；使用前应将自锁器压入主绳试拉，当猛拉圆环时应锁止灵活，待检查安全螺丝、保险等完好后，方可使用；安全绳和主绳严禁打结、绞结。绳钩应挂在安全带连接环上使用，一旦发现异

常应立即停止使用。严禁尖锐、易燃、强腐蚀性或带电的物体接近自锁器及其主绳。

②自锁器应专人专用，不用时应妥善保管。

垂直攀登自锁器示例见图1.2–9。

▶ 图1.2–9 垂直攀登自锁器

◎ 垂直攀登绳及水平安全绳

垂直攀登绳

规格 符合GB 6095—2021《坠落防护 安全带》要求。

（1）地面人员先以垂直母绳穿越柱顶及柱底接合板上的螺孔并缚绑固定。

（2）高空吊挂作业人员先扣紧身上安全带的钩孔，再将滑动自锁式防坠器安装于垂直母绳上后，方可垂直安全上下。

垂直攀登绳示例见图1.2-10。

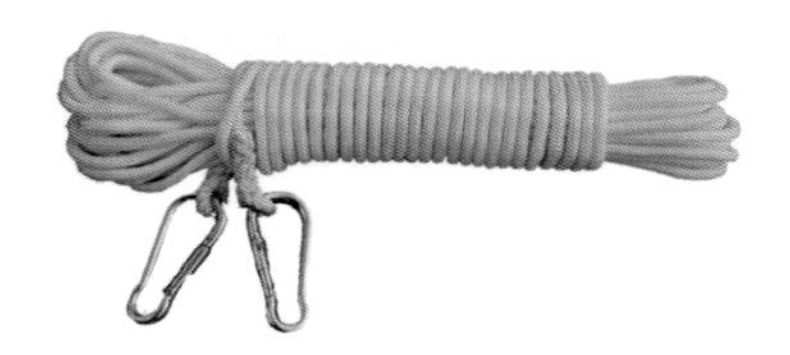

▶ 图1.2-10　垂直攀登绳

水平安全绳

规格 符合GB 6095—2021《坠落防护　安全带》要求。

（1）适用范围

用于作业人员在高处水平移动过程中的人身防护。

（2）使用要求

①绳索规格：锦纶绳直径不小于16mm，钢丝绳直径不小于13mm。

②使用前应对绳索进行外观检查。

③绳索两端可靠固定并收紧，绳索与棱角接触处加衬垫。

④架设高度与人员行走时落脚点的距离应为1.3~1.6m。

水平安全绳示例见图1.2-11。

▶ 图1.2-11　水平安全绳

◎ 速差自控器

规格 符合GB 24544—2009《坠落防护　速差自控器》要求。

速差自控器：在杆塔高处短距离移动或安装附件时，为施工人员提供的全过程安全防护设施。

（1）使用要求

①设置位置应符合产品技术要求；每次使用前应做试拉试验，确认正常后方可使用；应高挂低用，注意防止摆动碰撞，水平活动时应在以垂直线为中心、半径为1.5m的范围内。

②严禁将钢丝绳打结使用。自控器的绳钩应挂在安全带的连接环上。

③自控器上的部件不得任意拆装，出现故障后应立即停止使用；在使用中应远离尖锐、易损伤壳体和安全绳的物体，防止雨淋、浸水和接触腐蚀性物质。

④应由专人负责保管、检查和维修。

（2）技术要求

①一旦人员失足，应在0.2m内锁止，使人员停止坠落。

②速差自控器各安全部件应齐全，并有省级及以上安全检验部门检验的产品检验合格证；有关技术文件应齐全。

速差自控器示例见图1.2-12。

图1.2-12　速差自控器

1.3 大型标志牌（七牌二图）

◎ 工程项目概况牌

（1）规格为900mm×1500mm，标志牌框架为钢结构，外包镀锌板，可以重复利用。
（2）工程项目概况牌主要公示工程项目名称及工程简要情况。
（3）设置在施工区域外的进站道路旁边。

工程项目概况牌示例见图1.3–1。

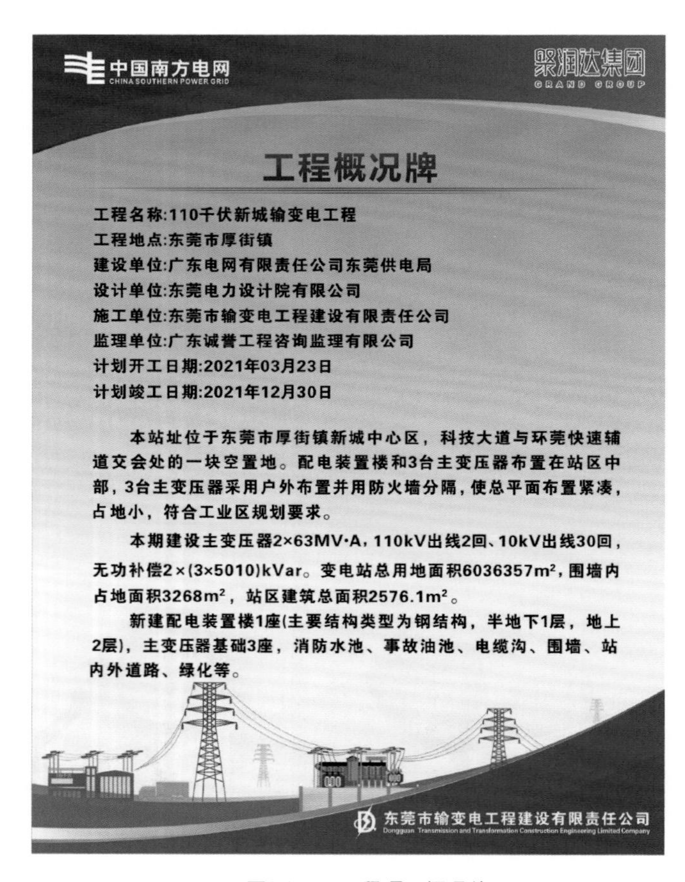

▶ 图1.3–1　工程项目概况牌

管理人员名单及监督电话牌

（1）规格为900mm×1500mm，标志牌框架为钢结构，外包镀锌板，可以重复利用。

（2）管理人员名单及监督电话牌主要公示项目经理、技术负责人、安全负责人的名单及联系电话，以及技术员、安全员、质量员、材料员、机械员、施工员、资料员名单。

（3）设置在施工区域外的进站道路旁边。

管理人员名单及监督电话牌示例见图1.3-2。

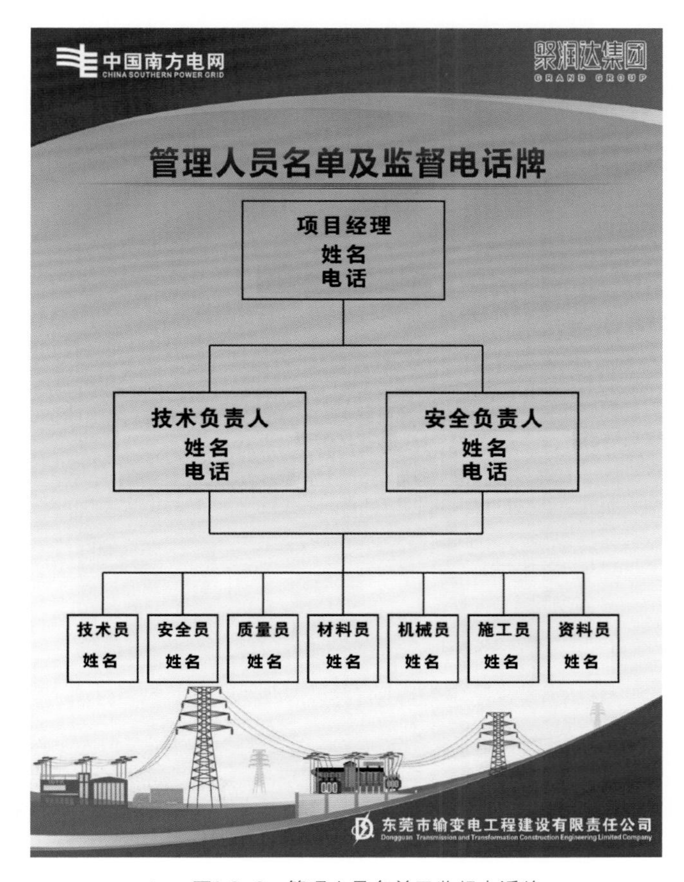

▶ 图1.3-2 管理人员名单及监督电话牌

入场须知牌

（1）规格为900mm×1500mm，标志牌框架为钢结构，外包镀锌板，可以重复利用。
（2）入场须知牌主要明确人员进入施工现场的“五要”“五不准”内容。
（3）设置在施工区域外的进站道路旁边。

入场须知牌示例见图1.3–3。

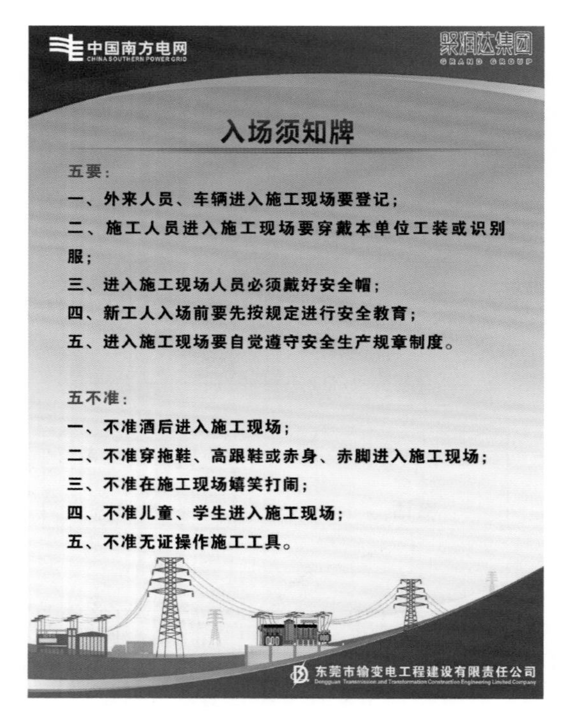

▶ 图1.3–3 入场须知牌

安全文明施工纪律牌

安全文明施工纪律牌包括安全生产牌和文明施工牌。

（1）规格为900mm×1500mm，标志牌框架为钢结构，外包镀锌板，可以重复利用。

（2）安全文明施工纪律牌明确本项目安全生产和文明施工的主要要求。

（3）设置在施工区域外的进站道路旁边。

安全生产牌示例见图1.3-4，文明施工牌示例见图1.3-5。

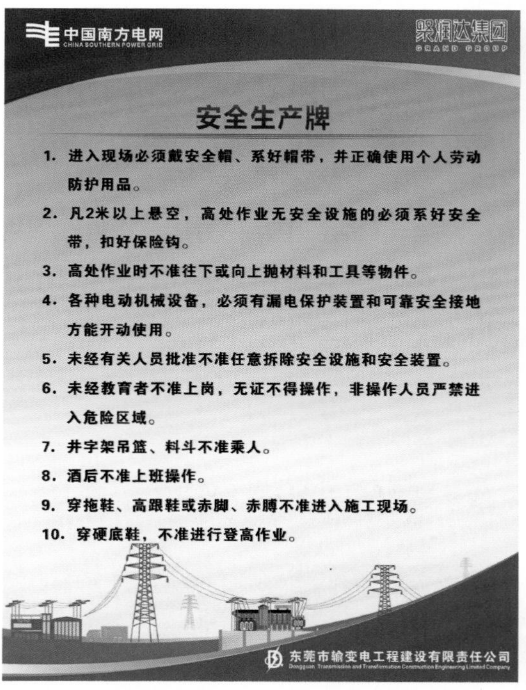

▶ 图1.3-4 安全生产牌

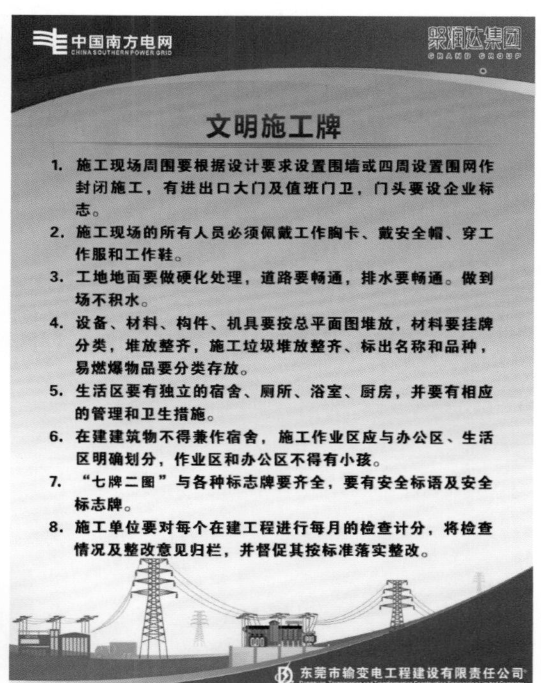

▶ 图1.3-5 文明施工牌

施工平面布置图及工程路径图

施工平面布置图

（1）根据“大区域固定、小区域动态更新”的原则，按照功能、结构和施工道路划分区域。根据报审的月度施工进度计划、物资到货情况和施工工序交接情况，细化和更新施工区域，在保持施工现场整洁有序的前提下，提高施工效率。

（2）将区域负责人责任区域与管理职责通过牌图进行公告。

工程路径图

（1）规格为900mm×1500mm，工程路径图说明牌框架为钢结构，外包镀锌板，可以重复利用。

（2）工程路径图主要展现工程项目竣工效果。

（3）设置在施工区域外的进站道路旁边。

施工平面布置图示例见图1.3–6，工程路径图示例见图1.3–7。

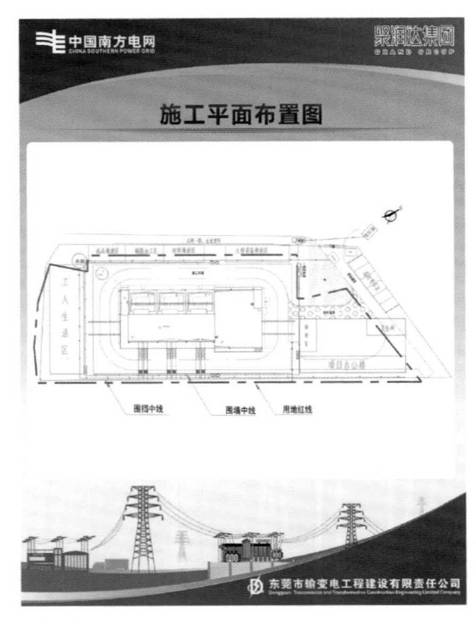

▶ 图1.3–6 施工平面布置图

▶ 图1.3–7 工程路径图

 施工现场安全管理制度牌

（1）规格为900mm×1500mm，标志牌框架为钢结构，外包镀锌板，可以重复利用。
（2）施工现场安全管理制度牌主要公示施工现场安全生产相关制度。
（3）设置在施工区域外的进站道路旁边。

施工现场安全管理制度牌示例见图1.3–8。

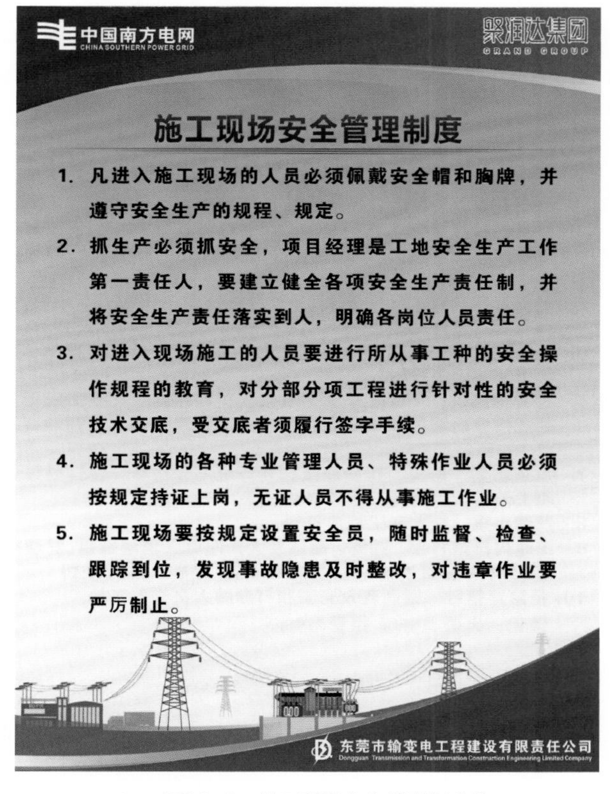

▶ 图1.3–8　施工现场安全管理制度牌

消防保卫牌

（1）规格为900mm×1500mm，标志牌框架为钢结构，外包镀锌板，可以重复利用。

（2）消防保卫牌明确本项目消防保卫的主要要求。

（3）设置在施工区域外的进站道路旁边。

消防保卫牌示例见图1.3–9。

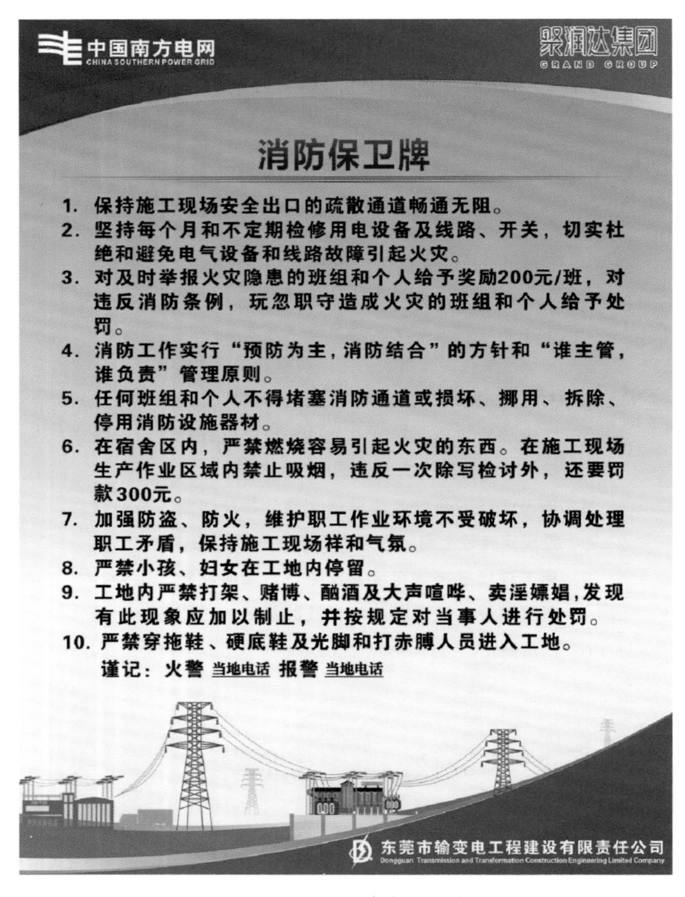

▶ 图1.3–9 消防保卫牌

1.4 消防器材（含办公、生活及施工现场）

◎灭　火　器

规格　按火源类型和空间环境选型。

（1）施工现场生活区、楼层、仓库、材料堆场、模板加工场、电焊场地等区域应配备相应类型的灭火器材，灭火器材应定期更换所装药品，使其保持有效。

（2）一般临时设施区，每100m^{2}配备两个6L灭火器，大型临时设施总面积超过1200m^{2}的，应备有专供消防用的太平桶、消防铲、消防斧等消防组合柜及蓄水池、砂池等。

（3）消防器放置处离地面的高度，顶部高度不高于1.5m，坐地式消防器底部高度不小于0.15m，要保持放置点通道畅通。

（4）每月须定期进行灭火器检查，并填写灭火器定期检查表。

灭火器及灭火器定期检查表示例见图1.4-1。

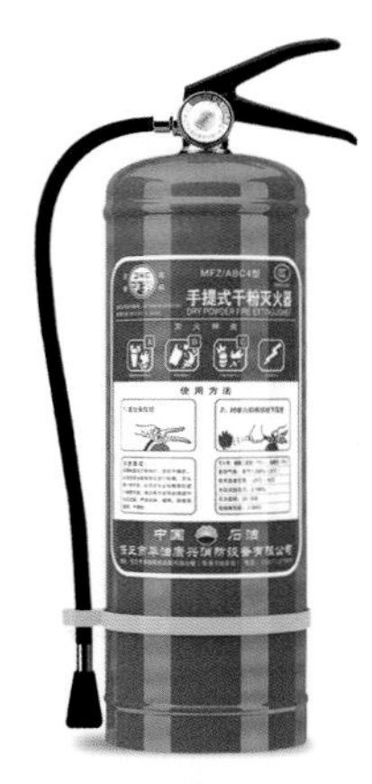

灭火器定期检查表

分布区域：　　　　　　责任人：　　　　　　年度：

检查项目	1月	2月	3月	4月	5月	6月	7月	8月	9月	10月	11月	12月
灭火器托架是否损坏												
压力是否达标												
提手把有无断裂												
药剂是否在有效期内												
安全插销是否完整												
周围是否被物品堵塞												
喷嘴、罐体是否损坏或腐蚀												
检查者												

备注：1. 一经开启使用或故障，必须充装、检修。
2. 严禁任意移动使用灭火器。
3. √：良好；×：异常。

▶ 图1.4-1　灭火器及灭火器定期检查表

◎灭 火 器 箱

规格 两只装。

（1）有火灾隐患的施工作业现场，临时用电各配电箱，办公区、生活区及材料站等区域均应配备灭火器箱。

（2）在箱体上标明“灭火器箱”“火警119”和编号，文字为反白色字体，位置居中，箱体外为红色。

（3）在灭火器箱正上方张贴“灭火器”说明标牌，尺寸为350mm×300mm，距离箱体顶部高度为150mm。

（4）在灭火器箱体下方地面设置禁止阻塞警示线标识。

（5）在灭火器表面需标明“灭火器”及成分，文字为反白字体，位置居中，保证清晰可辨。

（6）当箱内放置泡沫灭火器时，需在箱体上部放置300mm×100mm 规格的“不适用于电火”标志，当用在单个灭火器上时，在灭火器上放置150mm×60mm规格的“不适用于电火”标志。

灭火器箱示例见图1.4-2。

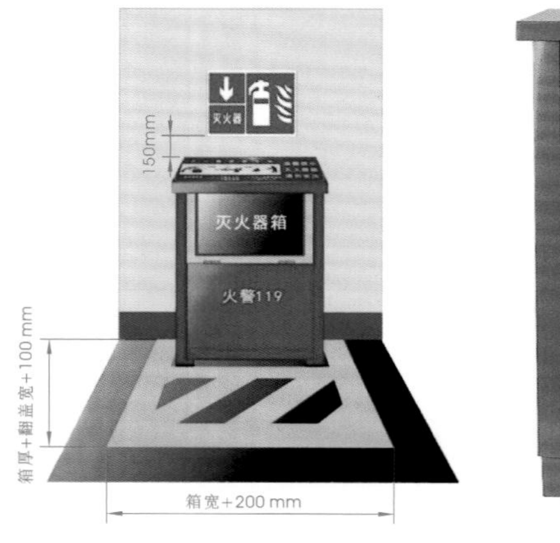

▶ 图1.4-2　灭火器箱

手推式灭火器

规格 自定。

（1）油类危险品处应配置手推式灭火器。

（2）灭火器应有产品合格证。

（3）灭火器压力表的外表面应无变形、无损伤，指针应在绿色区。

（4）灭火器压把、阀体等金属件应无严重损伤、变形、锈蚀等影响使用的缺陷。

（5）喷筒等橡胶、塑料件，喷嘴应无变形、变色、老化或破断裂，且筒体上应有永久性标识。

（6）喷射软管应畅通，无变形、损伤和堵塞。

（7）锚杆接头应旋转灵活。

（8）干粉灭火器从出厂之日算起超5年的，每隔两年进行检测，直到10年报废为止。

手推式灭火器示例见图1.4–3。

图1.4–3　手推式灭火器

◎ 消防沙箱及消防铲

消 防 沙 箱

规格 自定。

（1）易燃易爆危险品处应配置消防沙箱。
（2）消防沙箱盖可直接搬开，前部箱体下方两个合页，上方像货车后槽帮一样可以打开。
（3）平时内部应装满干沙，配两把消防铲。
（4）应急救火时两人或一人搬开上盖，打开箱体上部两个拉手，干沙靠重力自行流出，两人或一人用铁铲把沙子覆盖在燃烧物上即可。

消防沙箱示例见图1.4–4。

消 防 铲

规格 自定。

（1）用途：主要用于铲撒消防沙、清除障碍物、清理易燃物、铲沙扑救流淌火、拆除一般的结构、拍打小火等。
（2）保存方法：消防铁铲应贮存在干燥、通风、无腐蚀性化学物品的场所。

消防铲示例见图1.4–5。

▶ 图1.4–4 消防沙箱

▶ 图1.4–5 消防铲

消防桶及消防斧

消　防　桶

规格 自定。

主要用于火场地面铲水灭火，一般为不锈钢材质。

消防桶示例见图1.4–6。

消　防　斧

规格 自定。

（1）消防斧斧头应采用符合相关标准技术要求的钢材制造，消防斧斧头不得有裂纹、夹层、锈斑现象，涂漆表面应光滑，色泽均匀一致，无漏漆、起泡、剥落和缩皱现象。

（2）消防斧应贮存在干燥、通风、无腐蚀性化学物品的场所。

消防斧示例见图1.4–7。

▶ 图1.4–6　消防桶

▶ 图1.4–7　消防斧

◎ 消防器材架

规格 自定。

（1）消防器材架是用于摆放消防工具的架子，可放置消防斧、消防铲、消防桶、消防水带、灭火器等消防工具。

（2）消防器材架一般放在室外，方便灭火时寻找消防器材，缩短救火时间。

消防器材架示例见图1.4-8。

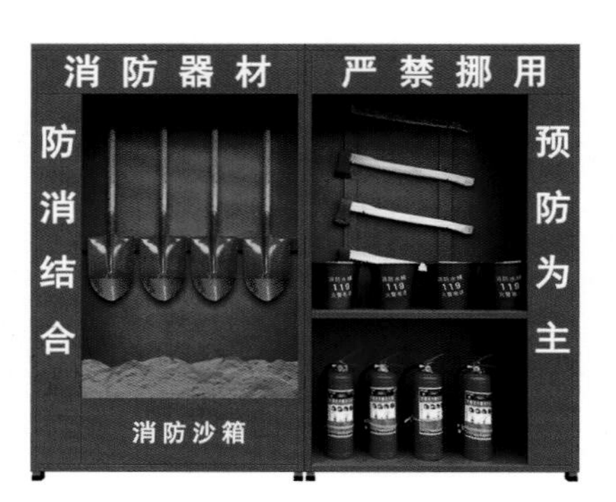

▶ 图1.4-8　消防器材架

1.5 施工用电（含办公、生活及施工现场）

◎ 三级配电箱

规格 自定。

配电系统应设置配电柜或总配电箱、分配电箱、开关箱，实行三级配电，两级保护。站内各级配电箱的设置要统一，现场电源箱和电缆配置均应符合现行国家标准的规定（应有产品合格证及设备铭牌）；箱体外表颜色应全站统一（如黄色），配电箱内母线不能有裸露现象，箱门上应标注“有电危险”警告标志及电工姓名、联系电话；总配电箱（一级）、分配电箱（二级）、开关箱（三级）附近应配置干粉式灭火器。电源箱采用钢板或不锈钢板外壳，厚度为1.0～1.2mm；电源箱门应配锁，满足“一机一闸一保护”要求。

（1）总配电箱（一级）、分配电箱（二级）：底座砌筑平台，四周涂黄漆线，用红白钢塑围蔽，做操作小道与道路连接。箱门上应有当心触电警示图、责任人姓名及电话，箱内贴电气接线图及使用说明。箱体外壳接地，接地线横截面面积应为电源线进线相线截面积的一半。二级箱与一级箱的电缆连接必须穿管敷设或架空敷设，架空敷设时，电杆必须使用绝缘子。

（2）开关箱：箱门有当心触电警示图、责任人姓名及电话，箱体外壳接地，横截面面积大小应为电源线进线相线截面积的一半；箱内一个漏电开关严禁接两个及以上负荷出线。

（3）电源箱、用电设备距离要求：两个分配电源箱（二级电源箱）之间的距离不超过60m，分配电源箱（二级电源箱）与开关箱（三级电源箱）之间的距离不得超过30m，开关箱（三级）与用电设备之间的距离不超过3m。

三级配电箱示例见图1.5-1。

▶ 图1.5-1 三级配电箱

◎ 过路电缆防护及地下电缆标识

过路电缆防护

规格 自定。

（1）电缆线路应埋地或架空敷设，严禁沿地面明设，埋地电缆路径应设方位标志，电缆直接埋地敷设的深度应不小于0.7m，并应在紧邻电缆上、下、左、右侧均匀敷设厚度大于50mm的细砂，然后覆盖砖或混凝土等硬质保护层。

（2）埋地电缆穿越建筑物、道路、易受到机械损伤和介质腐蚀场所及引出地面2m高到地下200mm处，应加设防护套管，防护套管内径应不小于电缆外径的1.5 倍。

（3）电缆经过路面时应穿管（槽钢）埋设或架空敷设，埋管（槽钢）外露部分应等间隔涂刷黄色和黑色油漆，架空敷设绝缘线时须使用低压混凝土杆，在路旁的混凝土杆上须涂有红白相间的警示标志。

（4）架空线路的档距不得大于35m，架空线路的线距不得小于0.3m，靠近电线杆的两导线的间距不得小于0.5m，架空线最大弧垂于地面的最小距离为4m。

过路电缆防护示例见图1.5-2。

地下电缆标识

规格 自定。

埋地电缆敷设路径应设置方位标志，参考尺寸：150mm×800mm。

地下电缆标识示例见图1.5-3。

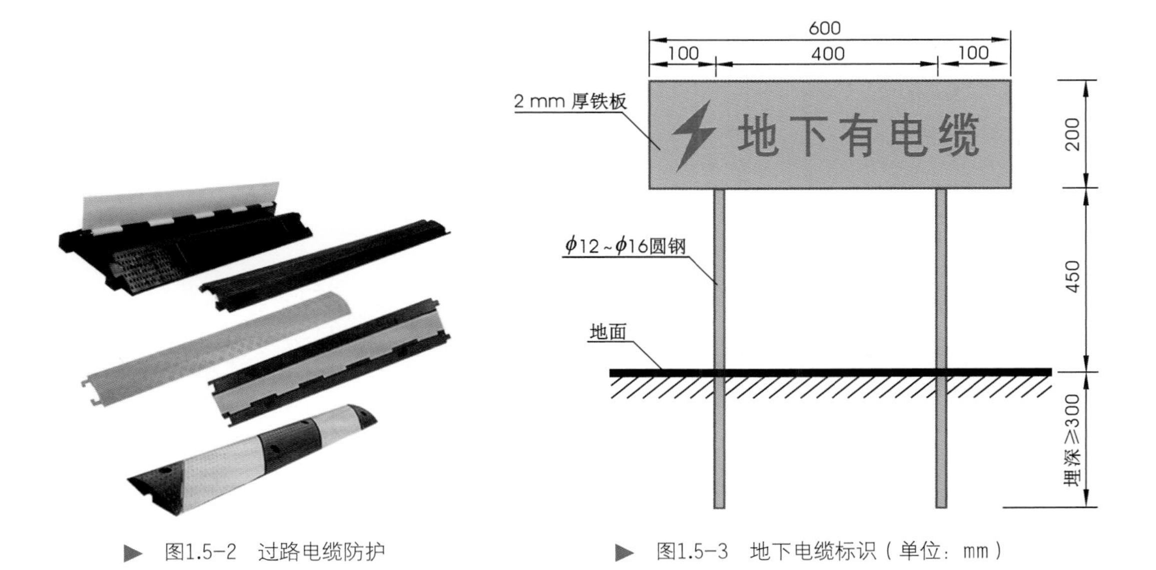

▶ 图1.5-2 过路电缆防护

▶ 图1.5-3 地下电缆标识（单位：mm）

接地体及外壳接地线

接　地　体

规格　施工用电配电箱重复接地应符合DL 5009.3—2013标准要求。

（1）预防雷电及临近带电体作业时的感应电接地装置应符合DL 5009.3—2013第7.9.2款标准要求。

（2）电焊机接地线接地电阻应不大于4Ω。

外壳接地线

规格　施工用电配电箱重复接地应符合DL 5009.3—2013标准要求。

接地线（分工作接地线和保安接地线），用于防止邻近高压线路静电感应触电或误合闸触电的安全接地。其中工作接地线用于工作地段两端的接地，保安接地线用于作业点的接地。

（1）结构及尺寸

施工接地线由接地端、接地导线和有弹簧的夹板组成。接地线外皮有绝缘层，当与导线相撞时，夹板内的弹簧夹体自动夹住导线。

（2）使用要求

①使用合格证件齐全的产品。

②经验电证实设备或线路已停电后，先将施工接地线一端用螺栓紧固在接地体上，再把夹体的夹板打开，支好弹簧板，操作人员手提接地线使夹体对准需接地的导线或架空地线，相撞后夹体夹住导线或地线；拆除时，先摘除夹板，最后松接地螺栓。

（3）技术要求

在感应电压较高的场所，施工人员应穿防静电服；施工接地线截面应按用途选择。

接地体示例见图1.5-4，外壳接地线示例见图1.5-5。

▶ 图1.5-4　接地体

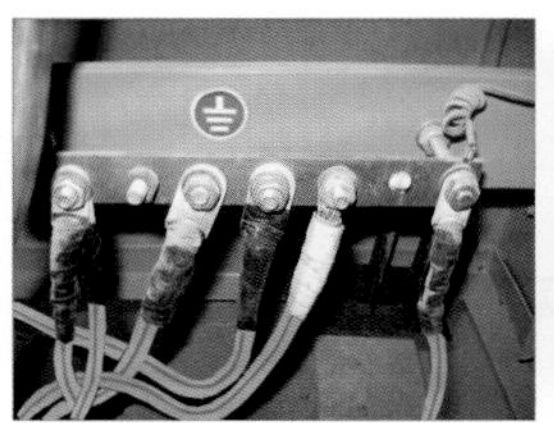

▶ 图1.5-5　外壳接地线

禁止标志及警告标志

禁 止 标 志

规格　符合GB 2894—2008要求。

（1）禁止标志是禁止或制止人们想要做某种动作的标志。

（2）禁止标志牌为一长方形衬底牌，上方是圆形带斜杠的禁止标志，下方是矩形的补充标志，图形上、中、下间隔相等，中间斜杠斜度α=45°。

（3）禁止标志牌的衬底为白色，圆形及斜杠为红色（M100 Y100），禁止标志符号为黑色（K100），补充标志为红底、黑色黑体字。

（4）材质：PVC 板或铝塑板，面层采用户外喷绘或车贴。

警 告 标 志

规格 符合GB 2894—2008要求。

（1）警告标志是促使人们提高对可能发生危险的警惕性的标志。

（2）警告标志牌为一长方形的衬底牌，上方是正三角形警告标志，下方是矩形的补充标志，图形上、中、下间隔相等。

（3）警告标志牌的衬底为白色，正三角形及标志符号为黑色（K100），衬底为黄色（Y100），矩形补充标志为黑框黑体字，字为黑色，白色衬底。

禁止标志示例见图1.5–6，警告标志示例见图1.5–7。

▶ 图1.5–6 禁止标志

▶ 图1.5–7 警告标志

责任牌及安全施工用电巡查

责 任 牌

规格 自定。

责任牌是针对区域管理人员的责任描述牌图，要求上面有人员照片、联系电话、责任区域划分详图和管理责任的描述。责任牌应树立在各自的责任区域内的显眼处。

责任牌示例见图1.5-8。

安全施工用电巡查

规格 自定。

项目监理部需在施工现场进行日常安全施工用电巡查。巡查内容包含施工现场外电防护、接零与接地、配电箱、照明、架空线路、电缆线路等。

安全施工用电巡查示例见图1.5-9。

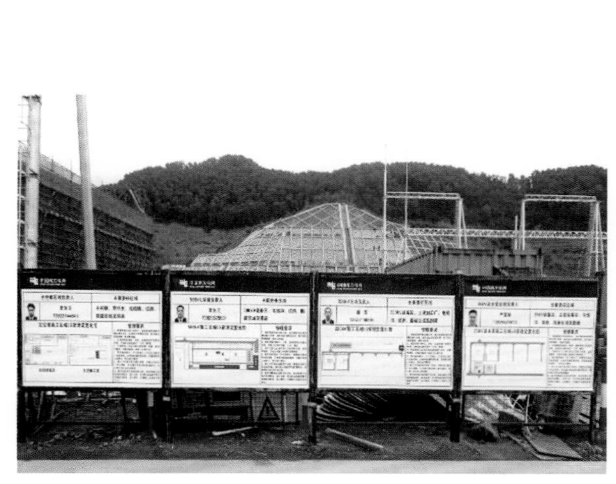

▶ 图1.5-8 责任牌

建筑工程施工现场临时用电安全要点检查表

现场检查				
外电防护	最小安全操作距离大于：1kV 以下，4m；1～10kV，6m；35～110kV，8m。	□	达不到最小安全操作距离时，采取有效防护措施并悬挂警告牌。	□
	防护设施与外电线路之间的最小安全距离大于：10kV 以下，1.7m；35kV，2m。			□
接零与接地	在施工现场专用的中性点直接接地的电力线路中，采用 TN-S 接零保护系统。	□	PE 线由工作接地线、配电室或总漏电保护器电源侧零线引出。	□
	电气设备不带电的金属外壳和配电箱体与 PE 线做电气连接。	□	PE 线为绿/黄双色绝缘多股铜芯线。	□
	PE 线与 N 线不混接。	□	PE 线不少于 3 次重复接地。	□
	做防雷接地的设备，PE 线应同时重复接地，接地电阻值≤10Ω。			
三级配电二级保护	使用总配电箱、分配电箱、开关箱三级配电。	□	总配电箱和开关箱装设漏电保护器，且参数匹配。	□
	漏电保护器安装在配电箱、开关箱离开关的负荷侧。	□	开关箱内的漏电保护器额定漏电动作电流≤30mA，额定漏电动作时间<0.1s。	□
电箱设置	开关箱实行“一机一闸一漏一箱”制。动力、照明开关箱分设。	□	分配电箱与开关箱水平距离≤30m，开关箱与固定式用电设备水平距离≤3m。	□
	配电箱内的电器安装在金属或非木质阻燃绝缘板上。	□	箱体用钢板或阻燃绝缘材料制作并防雨。箱内分别设置 N 线和 PE 线端子板。	□
照　明	隧道、高温、潮湿等特殊场所使用规范规定的安全电压照明。	□	电器、灯具的相线经过开关控制。	□
架空线路	架空线路设在专用电杆上。线路设有短路保护和过载保护。			□
电缆线路	采用五芯电缆，埋地或沿墙壁、电杆设置，用绝缘子固定，穿越建筑物加套管。			□
其他问题				
检查结论	1. 通过 □　2. 改进 □　3. 停用 □			检查人员签名
	改进或停用范围如下：			
				检查日期
				年　月　日

注：“检查结论”栏仅选一项，并在选项的“□”内打“√”；其余栏目，肯定的，在“□”打“√”，否定的在“□”打“×”，缺项的留空不填。

▶ 图1.5-9 安全施工用电巡查

1.6 应急物资

◎ 充电式应急灯及急救药品、器材

充电式应急灯

规格 自定。

（1）按需配备，置于应急专库内，包含手持式应急灯、移动便携式应急灯、带发电机组应急灯等。

（2）充电式应急灯用于临时停电时照明。使用前必须进行20h的充电，使用中的应急灯具应定期进行性能检查，每半个月或一个月进行连续开关试验，以检查电路转换及电池的应急功能并进行放电，以延长电池使用寿命。

充电式应急灯示例见图1.6–1。

急救药品、器材

规格 自定。

急救药品、器材包括药箱（含碘酒、医用酒精、纱布、绷带、镊子、剪刀、烧烫伤药等）、担架等。

急救药品、器材示例见图1.6–2。

▶ 图1.6–1 充电式应急灯

▶ 图1.6–2 急救药品、器材

雨衣及雨鞋

雨　　衣

规格 自定。

雨衣是由防水布料制成的挡雨衣服，其适用的防水布料有胶布、油布和塑料薄膜等。

穿着雨衣前需检查有无开缝或破洞，使用后应晾干存放。

雨衣示例见图1.6-3。

雨　　鞋

规格 自定。

雨鞋是在下雨天或在泥泞的地面上行走时，为了使足部免受外部污染物伤害而穿的一种高分子化合物套鞋。

雨鞋示例见图1.6-4。

▶ 图1.6-3　雨衣

▶ 图1.6-4　雨鞋

铁铲和十字镐

铁　铲

规格 自定。

铁铲是铲砂、土等的工具，用熟铁或钢板制成，前端呈圆形且稍尖或呈方形，后端安有长木把。铁铲保存于应急专库内。

铁铲示例见图1.6–5。

十　字　镐

规格 自定。

（1）材质：尖端为钢铁，手柄为木材。

（2）用途：采石工、铺路工、矿工或石匠用的粗重的钢铁工具，一端或两端呈尖状，通常呈圆弧形，使用时将木柄插入两端之间的孔中。

十字镐示例见图1.6–6。

▶ 图1.6–5　铁铲

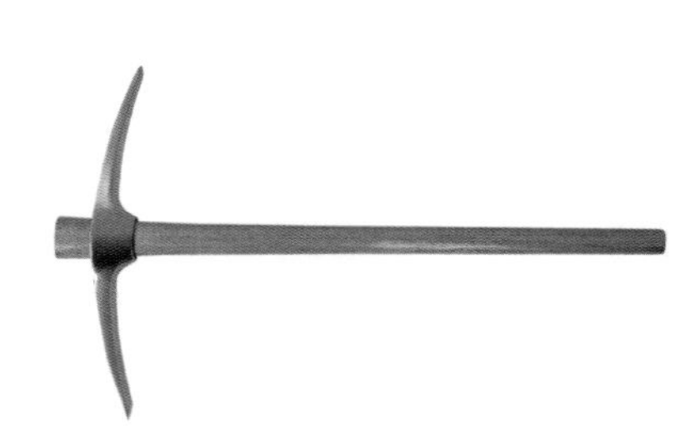

▶ 图1.6–6　十字镐

◎ 铁锤和应急物资禁止挪用牌

铁　　锤

规格 自定。

铁锤是用于敲击或锤打物体的手工工具。铁锤由锤头和握持手柄两部分组成。

铁锤示例见图1.6-7。

应急物资禁止挪用牌

规格 自定。

应急物资禁止挪用牌是应急专库外树立的提示牌。

应急物资禁止挪用牌示例见图1.6-8。

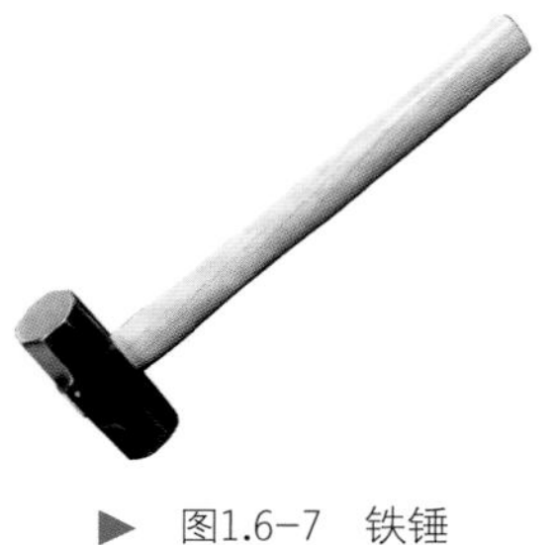

▶ 图1.6-7　铁锤

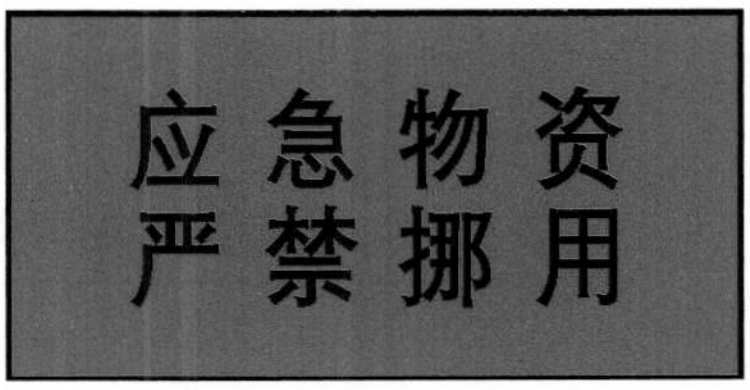

应 急 物 资
严 禁 挪 用

▶ 图1.6-8　应急物资禁止挪用牌

◎ 应急发电车

规格 自定。

（1）应急发电车用于突发停电或检修停电时对变电站的重要负载进行供电，应急发电车由汽车二类底盘、电源车厢体及附属设施组成。

（2）电源车厢体及附属设施的功能设计、结构、性能、调试和试验等方面应符合国家电力行业所需应急电源车规范要求。

应急发电车示例见图1.6–9。

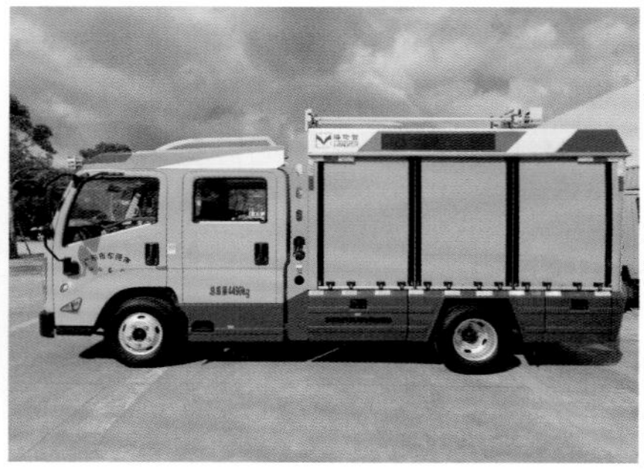

▶ 图1.6–9 应急发电车

◎ 应急指挥车及应急照明车

应急指挥车

规格 自定。

（1）应急指挥车用于处理突发事件，保障现场通信联络指挥，通信手段基本齐全，必要时能够替代基本指挥通信枢纽。

（2）应急指挥车配备有交流发电机、直流电瓶、便携式手提电脑及打印机、电声警报器、多媒体调度系统、车载电台、图像传输设备、无线电对讲系统、视频移动终端、GPS卫星定位系统及公网移动电话等通信装备。

应急指挥车示例见图1.6-10。

应急照明车

规格 自定。

应急照明车用于突发停电或检修停电时对变电站的重要负载提供临时照明。

应急照明车示例见图1.6-11。

▶ 图1.6-10　应急指挥车

▶ 图1.6-11　应急照明车

◉潜 水 泵

规格 自定。

（1）分类

井用潜水泵、清水型潜水泵、污水和污物型潜水泵、矿用隔爆型潜水泵、轴流潜水泵、矿井用高压潜水泵、大型潜水泵、螺杆潜水泵。

（2）选型原则

①使所选泵的类型和性能符合装置流量、扬程、压力、温度等工艺参数要求，最重要的是确定电压、最高扬程，以及在扬程多高的时候达到多少流量。详情请参考扬程最新相关规定。

②必须满足介质特性的要求，即

- 对输送易燃、易爆、有毒或贵重介质的泵，要求轴封可靠或采用无泄漏泵，如磁力驱动泵(无轴封，采用隔离式磁力间接驱动)。
- 对输送腐蚀性介质的泵，要求对流部件采用耐腐蚀性材料，如氟塑料耐腐蚀泵。
- 对输送含固体颗粒介质的泵，要求对流部件采用耐磨材料，必要时轴封采用清洁液体冲洗。

（3）机械方面要求

可靠性高、噪声低、振动小。

潜水泵示例见图1.6-12。

▶ 图1.6-12 潜水泵

防 雨 篷

规格 自定。

防雨篷以纤维布为基材，基材表面涂布亚光防水涂层。合成纤维布具有布类材料的特点，柔软，展开后适合悬挂，涂层具有防水性，短期展示时不用覆膜。

防雨篷示例见图1.6–13。

▶ 图1.6–13 防雨篷

防毒面具

规格 自定。

（1）产品必须符合GB 21976.7—2012标准要求，经国家指定部门检测合格方可使用。

（2）电缆隧道内应配置防毒面具。隧道长度小于1000m的，在隧道两端入口处各配置不少于两个；隧道长度大于1000m的，除在两端配置以外，还要在隧道中间配置，每处不少于两个，防毒面具放置点的距离不大于700m。

防毒面具示例见图1.6-14。

图1.6-14 防毒面具

救援绳

规格 自定。

救援绳是危险发生后的逃生工具。使用时将救援绳的一端用救生钩固定，另一端系在腰上，双手抓住绳子，顺墙体缓慢地下降，直至到达地面。

（1）材质

主要是精制麻绳，绳的直径为6～14mm，长度为15～30m，消防耐火救援绳通常用直径为2.6mm航空钢丝包芯。

（2）保存要点

①使用时不能使绳受到超负荷的冲击或载荷；否则，会出现断股，甚至断绳。

②平时应存放在干燥通风处，以防霉变。

③使用后应用温水洗净并及时放在通风干燥处阴干或晒干，切忌长时间曝晒。

救援绳示例见图1.6-15。

▶ 图1.6-15　救援绳

担　架

规格　自定。

（1）担架规格

大型的为198cm×53cm×98cm，小型的为198cm×53cm×34cm，前后轮距为132cm；最大承重为159kg。软担架面材料有尼龙、牛津、PU皮面、

PVC等。

（2）保存要点

①需要检查各部分是否有松动现象。

②存储或者运输期间禁止倒立。

③需要经常进行维护、保养和消毒，保持担架的整洁卫生。

担架示例见图1.6–16。

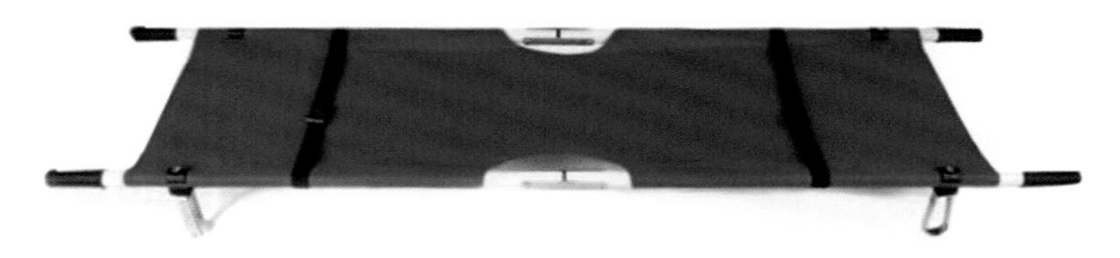

▶ 图1.6–16 担架

◎ 抽风机和鼓风机

规格 自定。

按需配置，狭窄或密闭空间补充新鲜空气及救援使用。

（1）从抽风机工作原理来讲，抽风机分为高压、中压、低压、负压四种，一般选择安装在下风口处往外抽风，抽出异味气体。

（2）鼓风机主要由电机、空气过滤器、鼓风机本体、空气室、底座(兼油箱)、滴油嘴组成。鼓风机靠汽缸内偏置的转子偏心运转，并使转子槽中的叶片之间的容积变化从而将空气吸入、压缩、吐出。鼓风机的输送介质以清洁空气、清洁煤气、二氧化硫及其他惰性气体为主。也可按需生产输送易燃、易爆、有腐蚀、有毒及其他特殊气体。

抽风机和鼓风机示例见图1.6–17。

抽风机

鼓风机

▶ 图1.6-17 抽风机和鼓风机

◎通 信 设 备

规格 **自定。**

通信设备指用于工控环境的有线通信设备和无线通信设备。有线通信设备是解决工业现场的串口通信、专业总线型的通信、工业以太网的通信及各种通信协议之间的转换的设备，主要包括路由器、交换机、Modem等设备。无线通信设备主要包括无线AP、无线网桥、无线网卡、无线避雷器、天线等设备。

通信设备示例见图1.6-18。

▶ 图1.6-18 通信设备

安全警示带

规格 参见《输变电工程安全文明施工标准化工作规范》。

（1）安全警示带主要由安全警示带盒子、摇表、警示带、调节旋钮、金属卡片构成。

（2）安全警示带主要用于户外及室内敞开式高压场所，或者临时隔离邻近的运行设备。

（3）线路施工时应在土方开挖的洞口四周设置安全警示带，晚间挂警示灯；施工点在道路上时，应根据交通法规在距施工点一定距离的地方设置警示标志或派人进行交通疏导。

安全警示带示例见图1.6-19。

图1.6-19　安全警示带

1.7 环保设施（含办公、生活及施工现场）

◎防 尘 网

规格 自定。

工程防尘网以聚乙烯、高密度聚乙烯、聚丁烯、聚氯乙烯、聚乙丙烯等为原材料，经防紫外线处理及防氧化处理，具有抗拉力强、耐老化、耐腐蚀、耐辐射、轻便等特点。

防尘网示例见图1.7–1。

图1.7–1 防尘网

◎洒 水 设 施

规格 自定。

（1）施工单位应综合采用自动喷雾、移动式雾炮机喷雾、水车喷洒等措施抑制扬尘。

（2）围挡自动喷雾降尘装置即在围挡上沿布设PVC（聚氯乙烯）水管，喷头间距应不大于6.3m，射程应在3m范围内。

（3）自动喷雾降尘装置应安排专人进行维护保养，确保正常使用。

（4）土石方机械开挖作业，机械剔凿作业，开挖土石方、工程垃圾等易产生扬尘的废弃物装卸作业，构筑物拆除作业等，应采用移动式雾炮机喷雾降尘。

（5）每1000m^2应配置一台雾炮设施。

（6）非雨天时自动喷雾装置每天应喷雾不少于6次，每次喷雾时间不少于15min。

（7）TSP（动力学直径小于或等于100μm的颗粒物）数值超标，施工车辆集中进出场，进行土方开挖、拆除等易起尘作业时，需要采取自动喷雾、移动式雾炮机喷雾、水车喷洒等措施抑制扬尘。

（8）施工现场必须配备洒水车，每日有专人洒水，防止扬尘。

洒水设施示例见图1.7-2。

图1.7-2 洒水设施

◎ 废料垃圾回收设施

规格 自定。

（1）为防止或减少生产中的废弃物对环境的影响，建议将废弃物分类回收。

（2）开工前应编制废弃物分类处理单。

（3）可设置可回收物、厨余垃圾、有害垃圾、其他垃圾四大类。

废料垃圾（以生活垃圾为例）回收设施示例见图1.7–3。

▶ 图1.7–3 废料垃圾回收设施

◎洗 车 槽

规格 自定。

（1）在施工阶段，工地车辆出入口应配备传统洗车槽、车辆自动冲洗设备和沉淀过滤设施。出工地车辆的车身、车轮、底盘冲洗干净后方可上路。洗车用水尽量使用基坑降水，以达到节约、环保的目的。

（2）车辆自动冲洗设备应设在工地大门内侧。与之配套宽3m、长5m的矩形洗车场地和沉淀池，由宽30cm、深40cm的沟槽围成。

（3）洗车用水应充分利用沉淀池内的非生活用水，冲洗用水应能够循环使用。此外，要求沉淀池上有防护措施（钢筋网片），冲洗设备做好接地防护。

（4）应及时清理排水沟内的淤泥并将排水沟与三级沉淀池相连，排水沟面板采用螺纹钢或型钢格栅，确保能够承受车辆重压，并要刷红色警示漆。

洗车槽示例见图1.7–4。

▶ 图1.7–4 洗车槽

◎ 环境监测仪

规格 自定。

环境监测仪通过对影响环境质量因素的代表值的测定，确定环境质量(或污染程度)及其变化趋势。检测内容包含风向、温度、噪声、PM2.5等。

环境监测仪示例见图1.7-5。

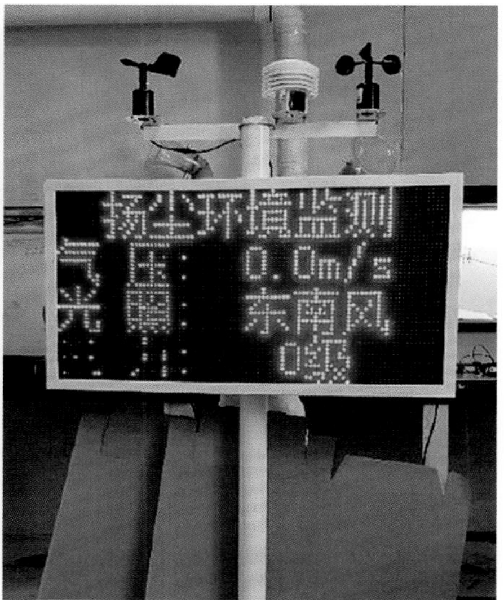

▶ 图1.7-5 环境监测仪

◉彩　条　布

规格　**自定。**

彩条布是篷布的一种，一般分为聚乙烯彩条布和聚丙烯彩条布。彩条布具有耐晒和良好的防水性能，通常使用在建筑工地上。

彩条布示例见图1.7–6。

▶ 图1.7–6　彩条布

1.8 其 他

◎ 含氧量监测仪及有害气体监测仪

含氧量监测仪

规格 自定。

（1）含氧量监测仪是专门检测空气中氧气含量的一款气体检测仪，适用于密闭空间、井下作业。

（2）进行井下作业前，需在仪器前方接上几米软管，将软管伸入井下即可检测井内氧气含量。注意：不能将软管伸入井下水中。

含氧量监测仪示例见图1.8-1。

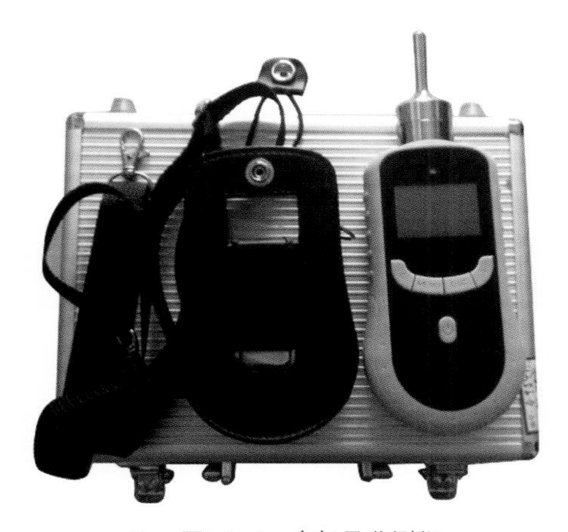

▶ 图1.8-1 含氧量监测仪

有害气体监测仪

规格 自定。

有害气体监测仪适用于封闭及狭窄空间，可检测一氧化碳、氨气、硫化氢、氯气等有害气体含量。

有害气体监测仪示例见图1.8-2。

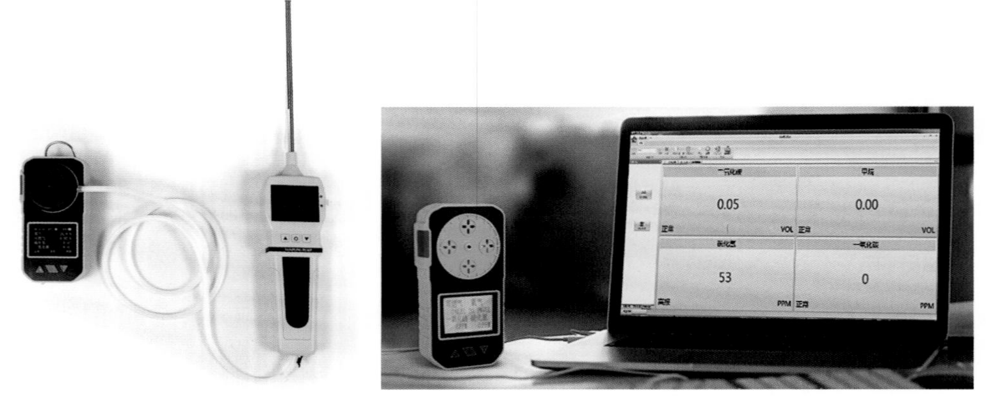

▶ 图1.8-2　有害气体监测仪

◎梯　　子

规格 自定。

（1）分类

①根据材料，可分为竹木梯、金属梯、软梯、玻璃钢梯等。

②根据类型，可分为挂梯、单梯、双梯等。

③根据用途，可分为绝缘梯、非绝缘梯。

（2）保存方法

梯子应存放在干燥通风和无腐蚀的室内或柜内。

梯子示例见图1.8-3。

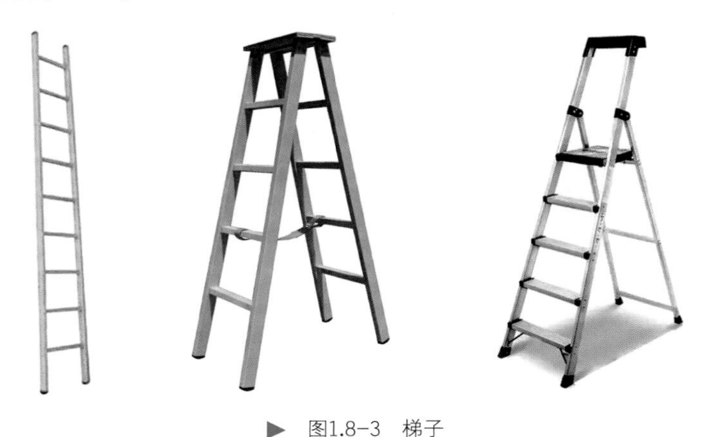

▶ 图1.8-3 梯子

◎ 设备状态标记牌

规格 300mm×200mm或200mm×140mm。

（1）设备状态标记牌用于标明施工机械设备的状态，分完好机械、待修机械及在修机械三种状态牌，可采用支架、悬挂、张贴等方式置于设备上。

（2）现场所有的标志牌、标识牌、宣传牌等应制作标准、规范，且宜采用彩喷绘制；标志牌、标识牌框架、立柱、支撑件应使用钢结构或不锈钢结构；标牌埋设、悬挂、摆设要做到安全、稳固、可靠，做到规范、标准。

设备状态标记牌示例见图1.8-4。

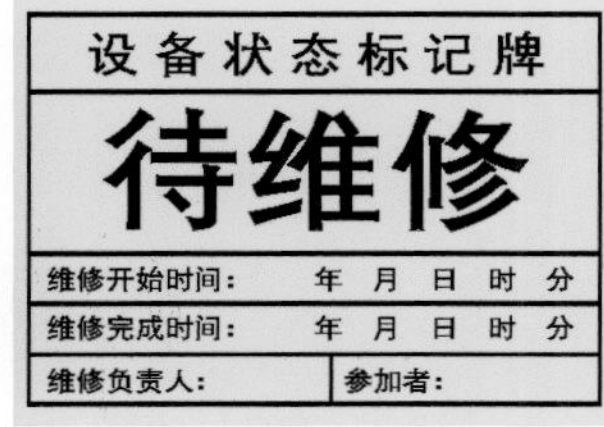

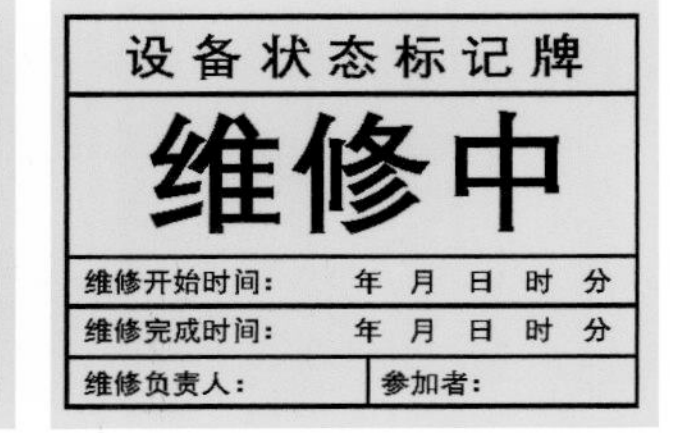

▶ 图1.8-4 设备状态标记牌

物料状态标记牌

规格 300mm×200mm或200mm×140mm。

物料状态标记牌：用于标明材料/工具状态，分合格品、不合格品两种状态牌。

（1）合格品标记牌为绿色（C100 Y100）。

（2）不合格品标记牌为红色（M100 Y100）。

（3）现场所有的标志牌、标识牌、宣传牌等应制作标准、规范，且宜采用彩喷绘制；标志牌、标识牌框架、立柱、支撑件应使用钢结构或不锈钢结构；标牌埋设、悬挂、摆设要做到安全、稳固、可靠，做到规范、标准。

物料状态标记牌示例见图1.8-5。

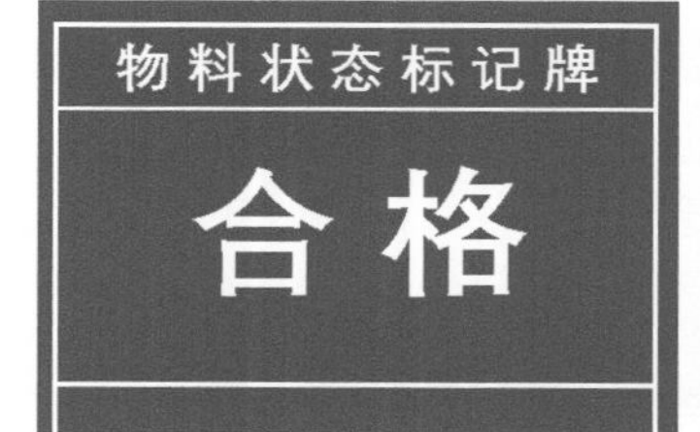

▶ 图1.8-5 物料状态标记牌

 机械设备安全操作规程牌

规格 600mm×400mm。

（1）机械设备安全操作规程牌宜醒目悬挂在机械设备附近，可采用悬挂或粘贴方式，内容应醒目、规范。

（2）现场所有的标志牌、标识牌、宣传牌等应制作标准、规范，且宜采用彩喷绘制；标志牌、标识牌框架、立柱、支撑件应使用钢结构或不锈钢结构；标牌埋设、悬挂、摆设要做到安全、稳固、可靠，做到规范、标准。

机械设备安全操作规程牌示例见图1.8-6。

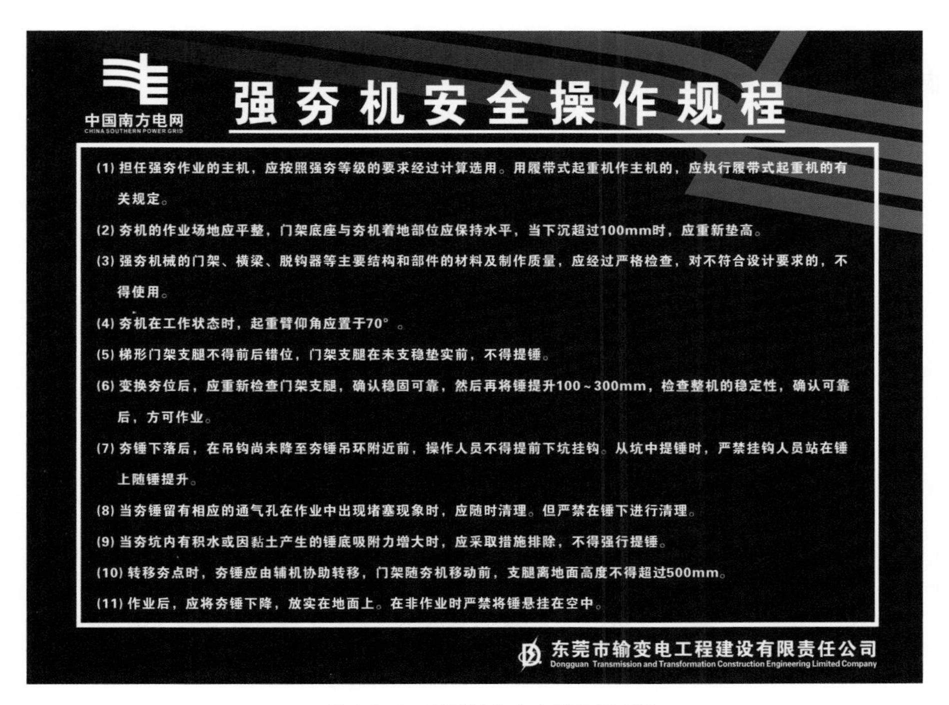

▶ 图1.8-6 机械设备安全操作规程牌

夜间警示灯

规格 自定。

（1）颜色：主要有红色和黄色两种，分为单面闪光和双面闪光，可视距离为200~300m。
（2）电源：有干电池和蓄电池，一般使用干电池，使用时间为300~400h。
（3）发光源：有LED灯和普通钨丝灯泡，通常用LED灯，因为LED灯比普通钨丝灯泡寿命长。
（4）四面盖罩：PC灯罩。
（5）用法及用途：用于交通道路施工和隔离现场，与路锥、警示柱、护栏等产品配合使用。

夜间警示灯示例见图1.8-7。

图1.8-7 夜间警示灯

道路井盖补强钢板

规格 厚度不小于20mm。

道路井盖补强钢板用于防止损坏盖板以避免翻车事故，具体规格以设计为准。

道路井盖补强钢板示例见图1.8-8。

图1.8-8 道路井盖补强钢板

◎ 安全宣传条幅

规格 1000mm×800mm，红色底板，微软雅黑字体，颜色为黄色。

安全宣传条幅一般位于项目施工现场道路两侧、通道两侧等区域。可利用围墙、围挡、防护栏等来设置安全宣传条幅。

安全宣传条幅示例见图1.8-9。

严格落实安全标准化管理 确保安全生产

安全是生命之本 违章是事故之源

▶ 图1.8-9 安全宣传条幅

高处作业人员工具包

规格 自定。

高处作业时，工作人员随身携带的工具包用来装零散材料或工具，如绝缘手套、验电器等，防止施工工具及零散材料坠落伤人。高处作业人员工具包材质为帆布。

高处作业人员工具包示例见图1.8-10。

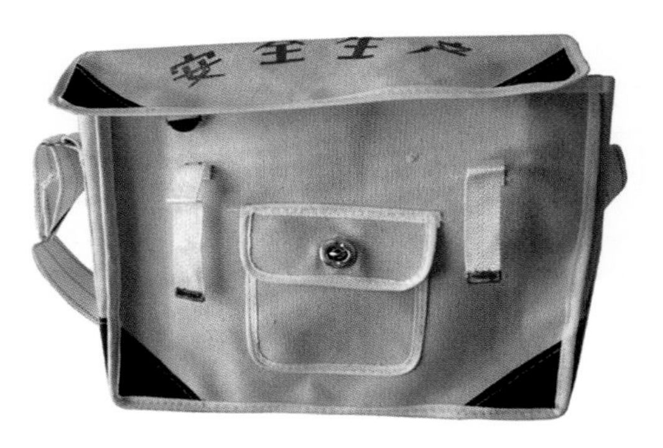

▶ 图1.8-10 高处作业人员工具包

物资安保视频监控装置

规格 自定。

视频监控设备一般由以下三部分组成：

（1）前端部分：主要由摄像机、镜头、云台、防护罩、支架、解码器等组成。

（2）传输部分：使用电缆、电线采取架空、地埋或沿墙敷设等方式传输视频、音频或控制信号等。

（3）终端部分：主要由画面分割器、监视器、控制设备、录像存储设备等组成。

物资安保视频监控装置示例见图1.8-11。

图1.8-11　物资安保视频监控装置

◎守 夜 帐 篷

规格 自定。

仅限于帆布（夹棉）装配式帐篷，禁止使用塑料制品、竹木板等搭设，颜色自定。

（1）帐篷结构合理、牢固，可同时承受8级大风和8cm厚积雪荷载。

（2）帐篷采用钢架结构，构造简单，展收方便，4人用20min即可架设或撤收完毕。

（3）帐篷包装体积为0.8m^3（布包和钢架共两件），所有零部件全部集装在布包内，形态规整，便于随车远程运输或通过人力短途运输。

（4）帐篷大顶面料为军绿色三防布，山墙、围墙面料为军绿牛帆布(冬暖夏凉)，中间使用毛毡，内衬白布，做工以军品帐篷为标准。窗户设有纱网，具有防蚊虫、通风等功能。

守夜帐篷示例见图1.8-12。

图1.8-12　守夜帐篷

7S宣传牌

规格 自定。

7S宣传牌是指在生产现场对人员、机器、材料、方法、信息等生产要素进行有效管理。

（1）整理：区分要与不要的物品，将不要的物品处理掉。

（2）整顿：将要的东西按照规定定位、定量、定品摆放整齐，并明确标示。

（3）清扫：清除工作现场内的脏污，并防止污染的发生。

（4）清洁：使整理、整顿和清扫工作成为一种惯例和制度，是标准化的基础，也是形成企业文化的基础。

（5）素养：人人依规定行事，从心态上养成习惯。

（6）安全：按照规章、流程作业。

（7）节约：合理利用时间、空间、能源等，以发挥它们的最大效能，从而创造一个高效率、物尽其用的工作场所。

7S宣传牌示例见图1.8-13。

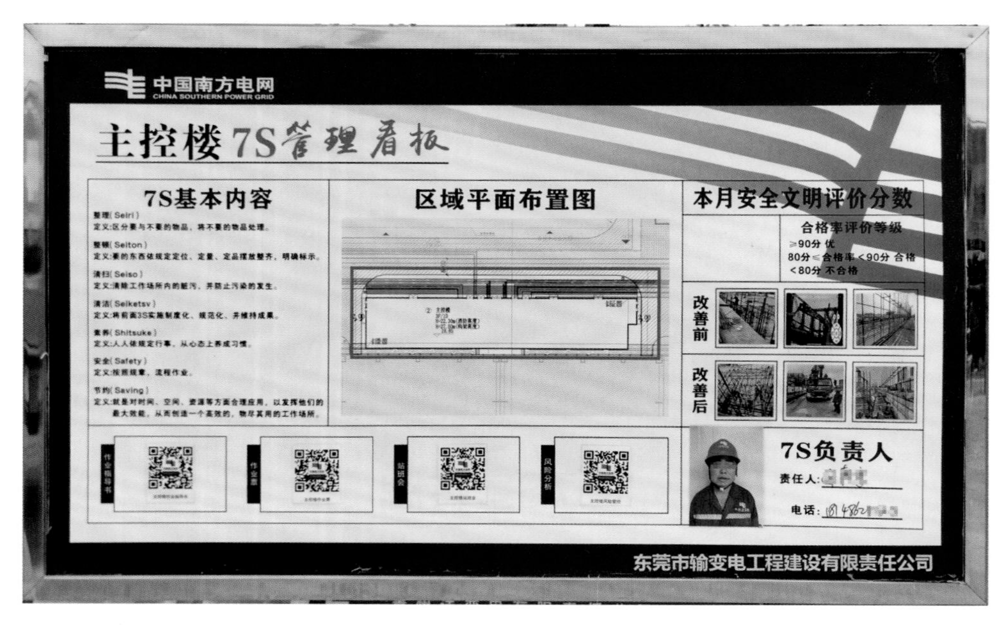

▶ 图1.8-13　7S宣传牌

站内照明灯具

规格 自定。

（1）现场照明应采用光效高、寿命长的照明光源。对需大面积照明的场所，应采用高压汞灯、高压钠灯或混光用的卤钨灯等。

（2）照明灯具的金属外壳必须与PE（聚乙烯）线相连接，照明开关箱内必须装设隔离开关、短路与过载保护电器和漏电保护器。

（3）室外220V灯具距地面不得低于3m，室内220V灯具距地面不得低于2.5m。照明灯具与易燃物之间应保持一定的安全距离，普通灯具不宜小于300mm，现场禁止使用高热灯具。当间距不够时，应采取隔热措施。

（4）安装在露天场所的照明灯具应选用防水型灯头。

（5）施工作业区采用集中广式照明，局部照明采用移动立杆式灯架。

①集中广式照明适用于施工作业区集中照明，灯具一般采用防雨式，底部采用焊接或高强度螺栓连接，确保稳固可靠。灯塔应可靠接地。

②移动立杆式灯架可根据需要制作或购置，电缆应绝缘良好。

站内照明灯具示例见图1.8-14。

▶ 图1.8-14 站内照明灯具

◎ 临时休息棚

规格 自定。

（1）根据现场需要可设置临时休息棚，且需满足通风、照明等要求。

（2）临时休息棚需设置明显的安全警示牌及标识，消防设施的配备应符合相关要求。

临时休息棚示例见图1.8-15。

▶ 图1.8-15 临时休息棚

2 项目部配置

2.1 办公区

施工项目部铭牌

规格 400mm×600mm。

（1）施工项目部铭牌的构成：公司标志及公司中英文名称、施工项目名称。
（2）颜色为企业标准色（C100 M69 Y0 K38）。
（3）材质为3mm厚拉丝不锈钢板，工艺为表面文字蚀刻，烤漆入色。
（4）铭牌一般安装在施工项目部大门左侧门柱上，铭牌底端离地面1600mm为宜。

施工项目部铭牌示例见图2.1-1。

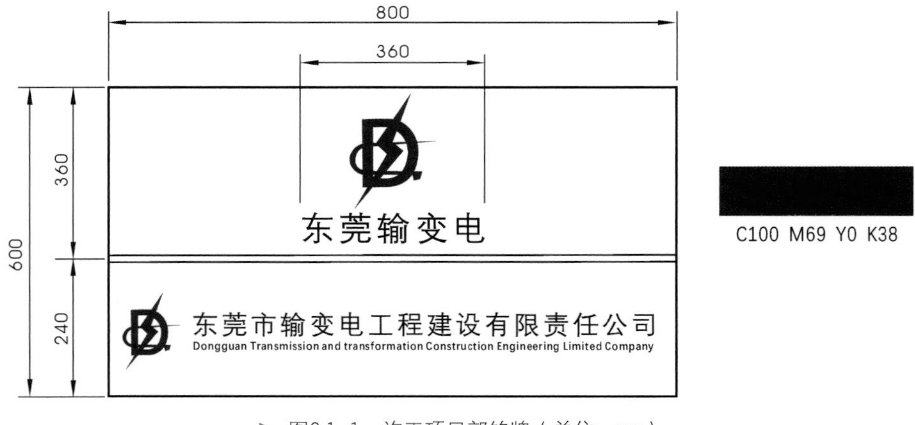

▶ 图2.1-1 施工项目部铭牌（单位：mm）

◎ 各功能办公室、会议室、卫生间门牌

规格 自定。

（1）施工项目部各功能室标志牌采用统一设计规范，应用时应严格参照执行。

（2）颜色为企业标准色（C100 M69 Y0 K38）。

（3）材质为铝合金，采用丝网印刷工艺或采用即时贴。

各功能办公室、会议室、卫生间门牌示例见图2.1-2。

▶ 图2.1-2　各功能办公室、会议室、卫生间门牌

◎ 会议室上墙图牌

规格 自定。

会议室上墙资料可参考以下内容：

①项目部标志牌（含中国南方电网标志牌）；

②新时代中国南方电网总纲；

③中国南方电网安全生产令和中国南方电网安全生产禁令；

④施工总平面布置图；

⑤全站鸟瞰图；

⑥晴雨表；

⑦设备到货计划表；

⑧工程施工进度横道图（含形象进度）；

⑨施工组织机构和质量安全方针牌；

⑩应急救援机构图；

⑪安全生产电子记录牌。

会议室上墙图牌示例见图2.1-3。

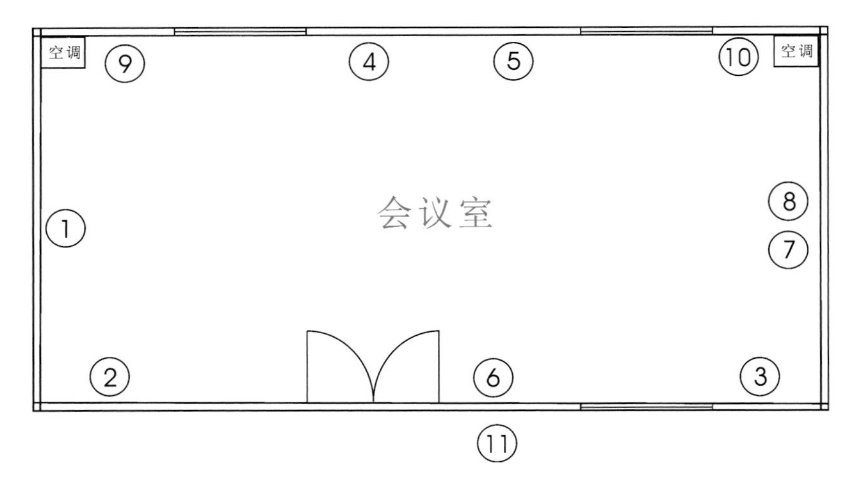

▶ 图2.1-3　会议室上墙图牌

党建活动室

规格　自定。

（1）设置党建活动室门牌。

（2）配置明确的标识、制度、党旗或者党徽、入党誓词、组织结构、公示（承诺）

栏等上墙资料。

（3）党建活动室内需配置电脑、桌椅、打印机、投影仪、书架等。

党建活动室示例见图2.1-4。

CSG

党建活动室

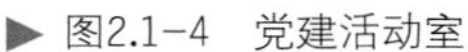
图2.1-4　党建活动室

业主项目部

规格 自定。

（1）设置业主项目部铭牌。

（2）业主项目部应根据工程实际情况将有关重要内容张贴公示，主要包括施工进度横道图（含形象进度）、晴雨表、施工总平面布置图、项目安全生产记录牌、工程简介、项目组织机构、质量安全目标、主要管理人员职责及照片等。

（3）办公室应明亮和通风良好， 办公桌上和文件柜内的物品应摆放整齐，办公场所内的墙体要干净、无污染物。

（4）办公场所要张贴环境提示标志，设废弃物分类收集箱。

业主项目部示例见图2.1-5。

▶ 图2.1-5 业主项目部

监理项目部

规格 自定。

（1）设置监理项目部铭牌。

（2）监理项目部应根据工程实际情况将有关重要内容张贴公示，主要包括施工进度横道图（含形象进度）、晴雨表、施工总平面布置图、项目安全生产记录牌、工程简介、项目组织机构、质量安全目标、主要管理人员职责及照片等。

（3）办公室明亮和通风良好，办公桌上和文件柜内的物品要摆放整齐，办公场所内的墙体要干净、无污染物。

（4）办公场所要张贴环境提示标志，设废弃物分类收集箱。

监理项目部示例见图2.1-6。

CSG

监理办公室

▶ 图2.1-6 监理项目部

施工单位项目部

规格 自定。

（1）设置施工单位项目部铭牌。

（2）施工单位项目部应根据工程实际情况张贴工程进度表、晴雨表、企业文化（方针、愿景、理念等）宣传标语、项目部管理制度、项目安全生产记录牌、质安网络图、治安（消防）网络图，以及安全区代表、急救员、主要管理人员的职责及照片等，并设置安全、文明、学习宣传栏。

（3）办公室明亮和通风良好，办公桌上和文件柜内的物品要摆放整齐，办公场所内的墙体要干净、无污染物。

（4）办公场所要张贴环境提示标志，设废弃物分类收集箱。

施工单位项目部示例见图2.1-7。

▶ 图2.1-7　施工单位项目部

◎ 项目经理室

规格 自定。

（1）设置项目经理室门牌。
（2）办公室内应张贴岗位职责牌。
（3）办公室明亮和通风良好，办公桌上和文件柜内的物品要摆放整齐，办公场所内的墙体要干净、无污染物。
（4）办公场所要张贴环境提示标志，设废弃物分类收集箱。

项目经理室示例见图2.1–8。

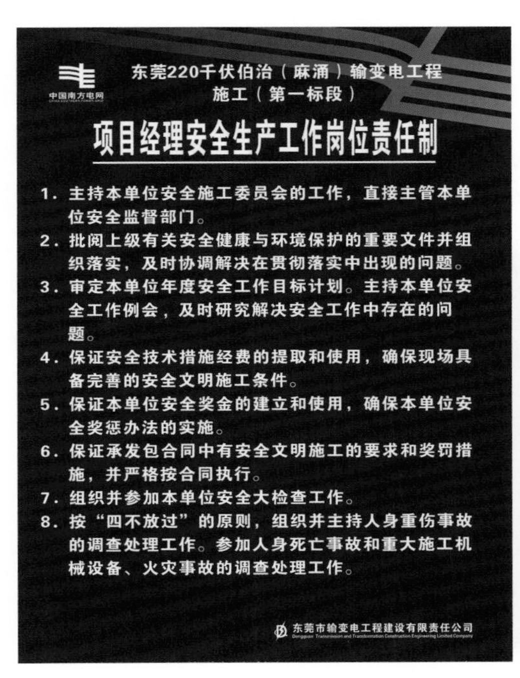

▶ 图2.1–8　项目经理室

◎ 项目会议室

规格 自定。

（1）张贴工程简介、项目组织机构、管理目标牌、公司标志牌、工程施工进度横道图（含形象进度）、晴雨表、施工总平面布置图等上墙资料。

（2）根据实际情况可配置空调设备、投影设备；照明灯具要齐全，亮度合适。

（3）会议台、座椅、供水设施等的数量要满足需要。

项目会议室示例见图2.1-9。

▶ 图2.1-9　项目会议室

◎ 项目部宣传栏

规格 1800mm×1200mm，总高度为2200mm。

（1）项目部的办公区、生活区、生产区应设置宣传栏。

（2）宣传栏应用不锈钢制作。宣传栏颜色为企业标准色（C100 M69 Y0 K38）。

（3）及时宣传公示公司及上级主管部门的安全生产工作要求、项目安全生产奖惩通报等内容。

项目部宣传栏示例见图2.1–10。

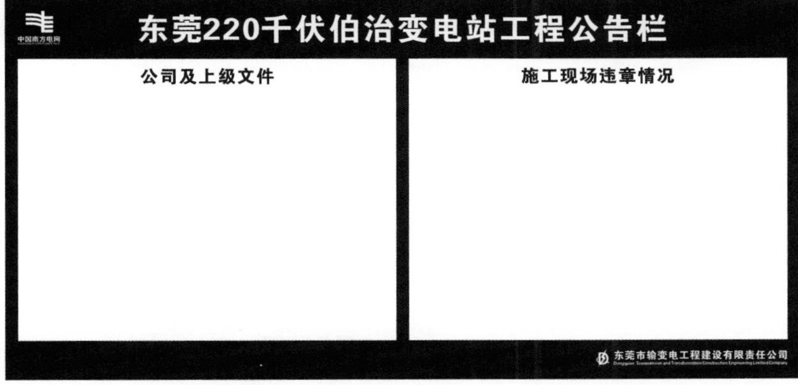

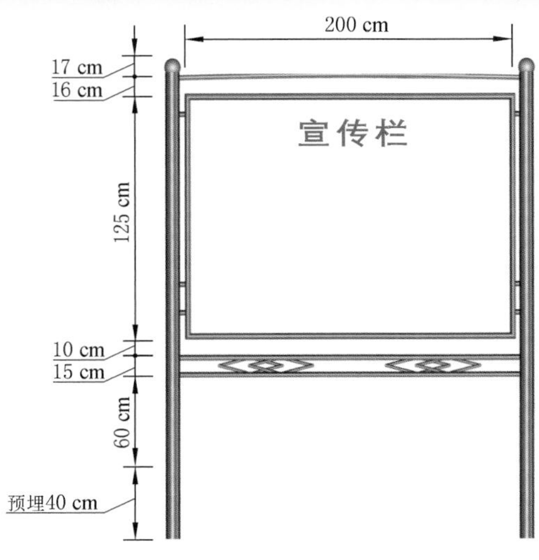

▶ 图2.1–10 项目部宣传栏

◎ 中等及以上施工现场风险管控公示牌

规格 1800mm × 1200mm。

（1）涉及安全生产、职业病危害风险的作业部位旁要张贴风险告知牌。

（2）风险告知牌采用PVC（聚氯乙烯）板或铝塑板制作，面层采用户外车贴，建议尺寸为1.8m × 1.2m。

中等及以上施工现场风险管控公示牌示例见图2.1-11。

▶ 图2.1-11　中等及以上施工现场风险管控公示牌

◎ 安全宣教学习图牌

规格 自定。

安全宣教学习图牌示例见图2.1-12。

▶ 图2.1-12　安全宣教学习图牌

2.2 生活区

◎ 厨房及食堂

规格 自定。

（1）厨房及食堂必须确保卫生，需配备必要的防虫、防蚊、防鼠及食物保鲜设施。

（2）员工食堂应干净、整洁，冰柜、消毒柜、桌椅等设施应齐全，符合卫生防疫及环保要求。

（3）炊事人员应有健康证；厨师服装应整洁、卫生。

厨房及食堂示例见图2.2-1。

▶ 图2.2-1 厨房及食堂

◎卫 生 间

规格 自定。

（1）卫生间应通风良好，墙面、地面耐冲洗，地面做硬化及防滑处理，厕位之间独立设置。

（2）卫生间应为水冲式厕所，设置男厕所、女厕所门牌及导向牌，张贴节约用水提示，洗手池水龙头及冲便器应采用节水型器具。

（3）卫生间应采取防蝇措施，设专人管理，及时清理并消毒，保持卫生。

卫生间示例见图2.2-2。

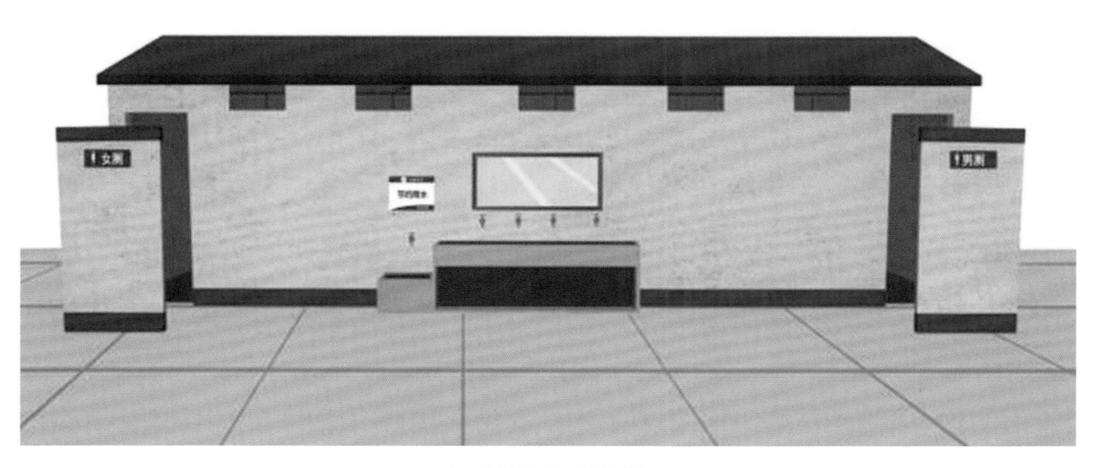

▶ 图2.2-2 卫生间

◉员 工 宿 舍

规格 自定。

（1）员工宿舍板房要求

①宿舍选址应符合安全要求。此外，应设置应急疏散通道、逃生指示标识和应急照明灯。

②建筑构件的燃烧性能应为A级。采用金属夹芯板材时，其芯材的燃烧等级应为A级。

③每组宿舍用房的栋数应不超过10栋，组与组之间的防火间距应不小于8m；组内宿舍用房之间的防火间距应不小于3.5m。

④设置两层板房的，应在两端设置楼梯，中间设置红白警示标志的逃生杆，逃生杆底部设沙坑，逃生杆周围1.5m^2区域内禁止占用。

⑤二层板房无卫生间的，应设置接水盆与落水管。

⑥板房搭设需验收合格后方可使用。

（2）房间设置

①宿舍内人均住房面积应不小于2.5m^2，高度应不低于2.5m，每间宿舍居住人员不得超过12人。

②宿舍内应设置单人铺，层铺的搭设不得超过 2 层。

③宿舍内张贴应急逃生疏散示意图。

④每100m^2范围内至少配备两个灭火级别不低于 3A 的灭火器。

员工宿舍示例见图2.2–3。

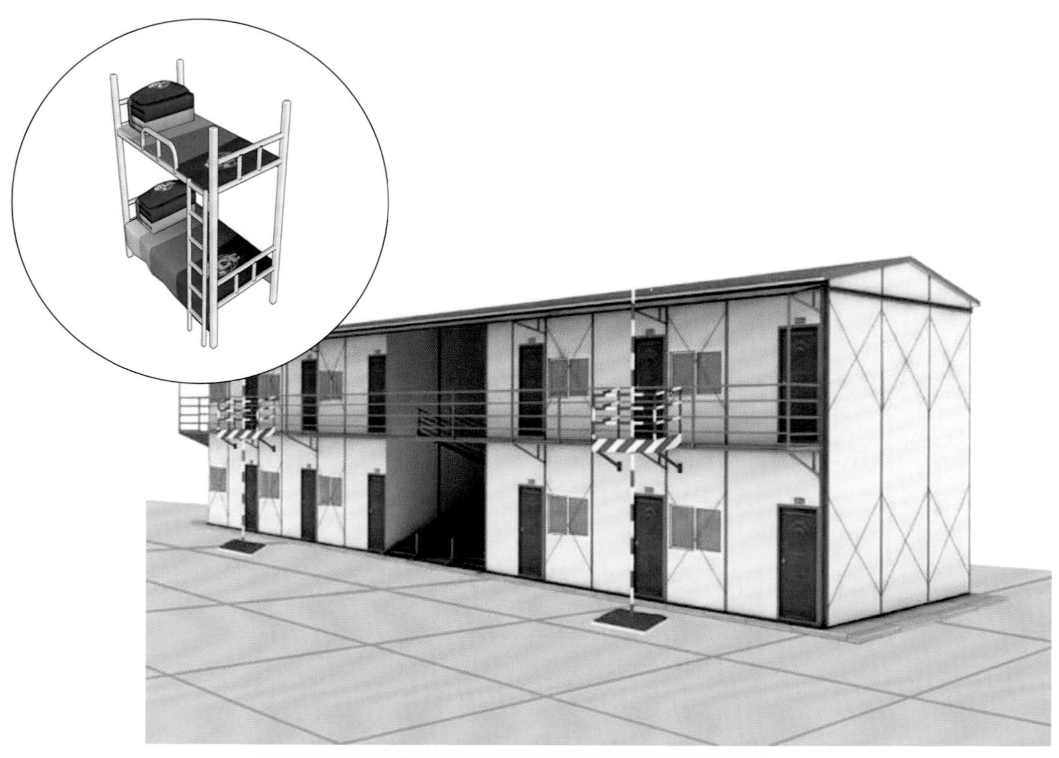

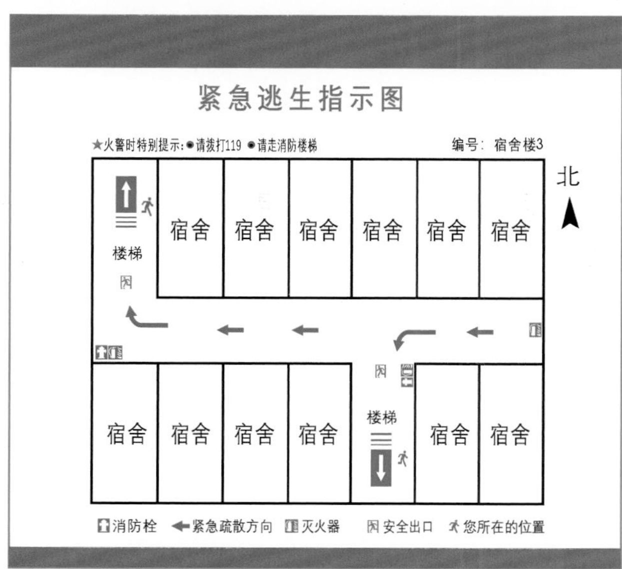
紧急逃生指示图
★火警时特别提示:●请拨打119 ●请走消防楼梯
编号：宿舍楼3
北
楼梯
宿舍
宿舍
宿舍
宿舍
宿舍
宿舍
宿舍
宿舍
宿舍
宿舍
楼梯
宿舍
宿舍
消防栓
紧急疏散方向
灭火器
安全出口
您所在的位置

▶ 图2.2-3　员工宿舍

◎ 应急联络牌

规格　自定。

应急联络牌上应包含应急联络人姓名、岗位、联系电话和现场应急处理流程图。应急联络牌要与同一摆放地点其他图牌的材质、高度一致。

应急联络牌示例见图2.2-4。

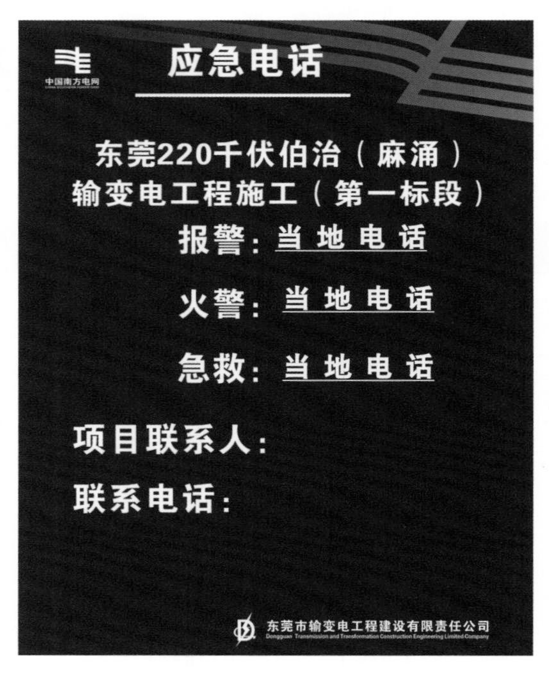

▶ 图2.2-4　应急联络牌

3 生产临建区

3.1 钢筋/电气材料加工区

◎ 装配式加工棚

规格 自定。

（1）基础尺寸为1000mm×1000mm×700mm，采用C30混凝土浇筑，预埋400mm×400mm×12mm的钢板，钢板下部焊接直径为20mm的钢筋，伸入混凝土深400mm，端部做200mm弯钩，并塞焊8个M18螺栓固定立柱。

（2）立柱采用200mm×200mm 型钢，立杆上部焊接500mm×200mm×10mm的钢板，用M12的螺栓连接桁架主梁，下部焊接400mm×400mm×10mm钢板。

（3）斜撑为100mm×50mm方钢，斜撑的两端焊接150mm×200mm×10mm的钢板，用M12螺栓连接桁架主梁和立柱。桁架主梁采用18号工字钢，上部焊接6个直径为20mm的钢筋，固定龙骨架，主梁上部以钢管搭设龙骨，铺设防砸、防雨双层防护，并张挂安全标语。

（4）各种型材及构配件规格为参考值，具体规格应根据当地风荷载、雪荷载进行核算，并应编制专项方案。如遇台风应采取防风措施，可设置缆风绳。安全标语的设置尺寸为12000mm×600mm，采用模板封闭，字体为黑体，文字大小为400mm×400mm，间距为200mm，居中设置。

装配式加工棚示例见图3.1-1。

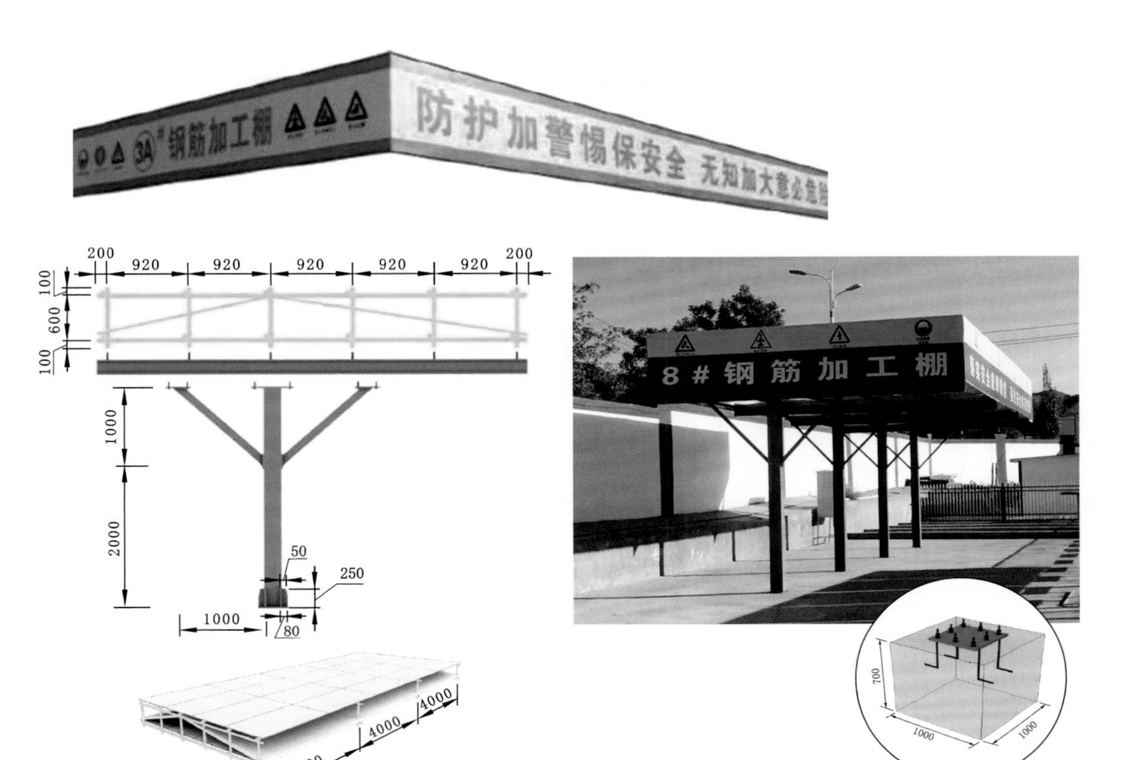

▶ 图3.1-1 装配式加工棚（单位：mm）

◎禁 止 标 志

规格 符合GB 2894—2008要求。

（1）禁止标志是禁止或制止人们想要做某种动作的标志。

（2）禁止标志牌为一长方形衬底牌，上方是圆形带斜杠的禁止标志，下方是矩形的补充标志，图形上、中、下间隔相等，中间斜杠斜度α=45°。

（3）禁止标志牌的衬底为白色，圆形和斜杠为红色（M100 Y100），禁止标志符号为黑色（K100），补充标志为红底、黑色黑体字。

禁止标志示例见图3.1–2。

▶ 图3.1–2　禁止标志

◉ 警告标志

规格　符合GB 2894—2008要求。

（1）警告标志是促使人们提高对可能发生危险的警惕性的标志。

（2）警告标志牌为一长方形的衬底牌，上方是正三角形警告标志，下方是矩形的补充标志，图形上、中、下间隔相等。

（3）警告标志牌的衬底为白色，正三角形及标志符号为黑色（K100），衬底为黄色（Y100），矩形补充标志为黑框黑体字，字为黑色，白色衬底。

警告标志示例见图3.1–3。

▶ 图3.1-3　警告标志

◎指 令 标 志

规格　符合GB 2894—2008要求。

（1）指令标志是强制人们必须做出某种动作或采取防范措施的图形标志。

（2）指令标志牌是为一长方形衬底牌，上方是圆形的指令标志，下方是矩形的补充标志，图形上、中、下间隔相等。

（3）指令标志牌的衬底为白色，圆形衬底为蓝色（C100），指令符号为白色，矩形补充标志为黑色框和黑色字符，字为黑体。

指令标志示例见图3.1-4。

▶ 图3.1-4　指令标志

◎ 废料堆放区／牌

规格　**自定。**

（1）废料堆放区用实心砖砌筑厚度不小于0.24m、高度为1.2m的围挡，长宽尺寸根据现场情况确定。底座及栏板应设置警示标志。

（2）推荐采用工具式废料池。

（3）建筑废料应集中堆放，配备符合要求的灭火器，悬挂废弃材料标识牌。

（4）废料堆放区应采取除尘措施，确保排水通畅，满足环保要求。

废料堆放区／牌示例见图3.1-5。

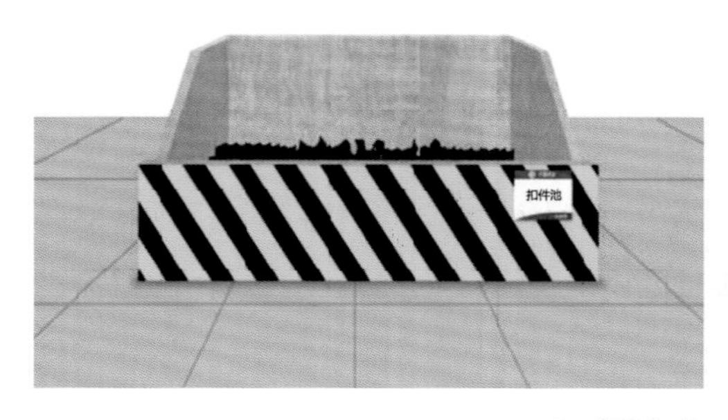

▶ 图3.1-5　废料堆放区／牌

3.2 木材加工区

◎ 装配式加工棚

规格 自定。

（1）装配式木工加工棚建议长、宽、高分别为3m、4.5m、3m，具体尺寸根据现场实际情况确定。

（2）搭设在塔式起重机回转半径内和建筑物周边的加工车间必须按规范设置双层硬质防护，两层防护间距应不小于 700mm。

（3）加工车间地面需硬化，宜选用混凝土地面。

（4）加工车间顶部应张挂安全警示标志和安全宣传用语的横幅。

（5）须在醒目处吊挂操作规程图牌。

（6）至少配备两个级别不低于3A的灭火器。

（7）装配式加工棚的搭建方法如下：

①桁架除主梁外，一律采用50mm×150mm方管。

②桁架主梁采用150mm×150mm 方管。

③立柱采用150mm×150mm 方管。

④立柱与桁架各焊接一片250mm×250mm×10mm耳板，以M12螺栓连接。

⑤按规范设置双层硬防护。

装配式加工棚示例见图3.2-1。

▶ 图3.2-1　装配式加工棚

◎禁止标志

规格 符合GB 2894—2008要求。

（1）禁止标志是禁止或制止人们想要做某种动作的标志。

（2）禁止标志牌为一长方形衬底牌，上方是圆形带斜杠的禁止标志，下方是矩形的补充标志，图形上、中、下间隔相等，中间斜杠斜度α=45°。

（3）禁止标志牌的衬底为白色，圆形和斜杠为红色（M100 Y100），禁止标志符号为黑色（K100），补充标志为红底、黑色黑体字。

禁止标志示例见图3.2-2。

▶ 图3.2-2　禁止标志

◎警 告 标 志

规格 符合GB 2894—2008要求。

（1）警告标志是促使人们提高对可能发生危险的警惕性的标志。

（2）警告标志牌为一长方形的衬底牌，上方是正三角形警告标志，下方是矩形的补充标志。图形上、中、下间隔相等。

（3）警告标志牌的衬底为白色，正三角形及标志符号为黑色（K100），衬底为黄色（Y100），矩形补充标志为黑框黑体字，字为黑色，白色衬底。

警告标志示例见图3.2-3。

▶ 图3.2-3　警告标志

◎指 令 标 志

规格 符合GB 2894—2008要求。

（1）指令标志是强制人们必须做出某种动作或采取防范措施的图形标志。

（2）指令标志牌是为一长方形衬底牌，上方是圆形的指令标志，下方是矩形的补充标志，图形上、中、下间隔相等。

（3）指令标志牌的衬底为白色，圆形衬底为蓝色（C100），指令符号为白色，矩形补充标志为黑色框和黑色字符，字为黑体。

指令标志示例见图3.2-4。

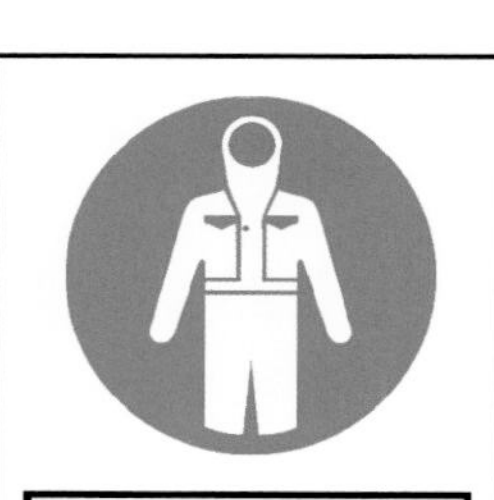

▶ 图3.2-4　指令标志

◎ 废料堆放区／牌

规格　自定。

（1）废料堆放区用实心砖砌筑厚度不小于0.24m、高度为1.2m的围挡，长宽尺寸根据现场情况确定。底座及栏板应设置警示标志。

（2）推荐采用工具式废料池。

（3）建筑废料应集中堆放，配备符合要求的灭火器，悬挂废弃材料标识牌。

（4）废料堆放区应采取除尘措施，确保排水通畅，满足环保要求。

废料堆放区／牌示例见图3.2-5。

▶ 图3.2-5　废料堆放区／牌

3.3 混凝土搅拌区（含砂石、水泥存放处、沉淀池）

◎ 装配式加工棚

规格 自定。

（1）基础尺寸为1000mm×1000mm×700mm，采用C30混凝土浇筑，预埋400mm×400mm×12mm的钢板，钢板下部焊接直径为20mm的钢筋，伸入混凝土深400mm，端部做200mm弯钩，并塞焊8个M18螺栓固定立柱。

（2）立柱采用200mm×200mm 型钢，立杆上部焊接500mm×200mm×10mm的钢板，用M12的螺栓连接桁架主梁，下部焊接400mm×400mm×10mm钢板。

（3）斜撑为100mm×50mm方钢，斜撑的两端焊接150mm×200mm×10mm的钢板，用M12的螺栓连接桁架主梁和立柱。桁架主梁采用18号工字钢，上部焊接6个直径为20mm的钢筋，固定龙骨架，主梁上部以钢管搭设龙骨，铺设防砸、防雨双层防护，并张挂安全标语。

（4）各种型材及构配件规格为参考值，具体规格应根据当地风荷载、雪荷载进行核算，并应编制专项方案。如遇台风应采取防风措施，可设置缆风绳。安全标语的设置尺寸为12000mm×600mm，采用模板封闭，字体为黑体，文字大小为400mm×400mm，间距为200mm，居中设置。

装配式加工棚示例见图3.3-1。

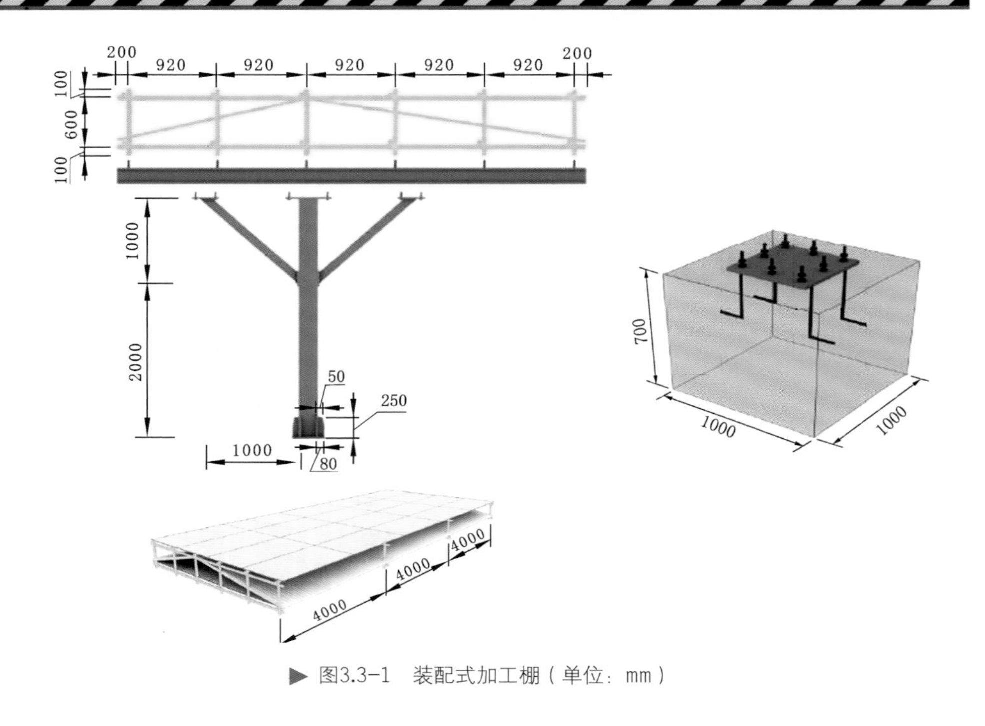

▶ 图3.3-1 装配式加工棚（单位：mm）

◎ 试块养护区

规格 自定。

（1）试块拆模并编号后，随即将试块放在标准养护室内［室温（20±3）℃，相对湿度：90%以下］养护至试压龄期（一般为28d或按设计要求）。标准养护室内的试块宜放在铁架或木架上养护，彼此之间的距离为3~5cm。另外，蒸汽养护的混凝土结构构件的试块应随同结构构件养护后，再转入标准条件下养护。

（2）现场施工中，对于检验拆模强度或吊装强度等的试块，应在与构件养护条件相同的环境下养护。同条件养护结束且试件拆模后，应将其放置在靠近相应结构构件的适当位置，并采取与构件相同的养护方法。

试块养护区示例见图3.3-2。

▶ 图3.3-2 试块养护区

◎禁 止 标 志

规格 符合GB 2894—2008要求。

（1）禁止标志是禁止或制止人们想要做某种动作的标志。

（2）禁止标志牌为一长方形衬底牌，上方是圆形带斜杠的禁止标志，下方是矩形的补充标志，图形上、中、下间隔相等，中间斜杠斜度α=45°。

（3）禁止标志牌的衬底为白色，圆形和斜杠为红色（M100 Y100），禁止标志符号为黑色（K100），补充标志为红底、黑色黑体字。

禁止标志示例见图3.3-3。

▶ 图3.3-3 禁止标志

◉警 告 标 志

规格 符合GB 2894—2008要求。

（1）警告标志是促使人们提高对可能发生危险的警惕性的标志。

（2）警告标志牌为一长方形的衬底牌，上方是正三角形警告标志，下方是矩形的补充标志，图形上、中、下间隔相等。

（3）警告标志牌的衬底为白色，正三角形及标志符号为黑色（K100），衬底为黄色（Y100），矩形补充标志为黑框黑体字，字为黑色，白色衬底。

警告标志示例见图3.3-4。

▶ 图3.3-4 警告标志

◎指令标志

规格 符合GB 2894—2008要求。

（1）指令标志是强制人们必须做出某种动作或采取防范措施的图形标志。

（2）指令标志牌是为一长方形衬底牌，上方是圆形的指令标志，下方是矩形的补充标志，图形上、中、下间隔相等。

（3）指令标志牌的衬底为白色，圆形衬底为蓝色（C100），指令符号为白色，矩形补充标志为黑色框和黑色字符，字为黑体。

指令标志示例见图3.3–5。

▶ 图3.3–5 指令标志

3.4 危险品存放区

危险品库房

规格 自定。

（1）易燃易爆危险品库房应使用防火材料搭建，面积不应超过200m^2，库房内应通风良好。

（2）库房应远离明火作业区、人员密集区和建筑物相对集中区，且不得布置在架空电力线下。

（3）与在建工程的防火间距不得小于15m。

（4）应根据危化品种类配备相应类型灭火器，至少配备两具灭火级别不低于3A或89B的灭火器。

（5）易燃易爆危险品库房内应使用防爆灯具。

（6）须张贴危化品管理制度。

（7）民用爆炸物品存放应满足相关规定。

（8）库房内各类设备、材料、施工器具应分类分区域堆放，整齐有序、牢固可靠、标识清晰，同时做好防火、防水、防盗措施。

（9）配置要求：燃油一间，油漆稀料一间，其他化学品一间，间距需要大于10m，房门外开。

危险品库房示例见图3.4–1。

▶ 图3.4-1　危险品库房

◉ 危险品仓库标牌

规格 自定。

危险品仓库标牌应置于危险品库顶部棚裙、大门、外墙等显眼位置。

危险品仓库标牌示例见图3.4-2。

▶ 图3.4-2　危险品仓库标牌

◉提 示 遮 栏

规格 参照《输变电工程安全文明施工标准化工作规范》。

（1）锥形临时防护遮栏（雪糕筒）用于暂时存放施工物料、机具的场所，以及临时施工区域分隔的场所；锥形筒白色部分为反光材料，红色部分为塑料；锥形筒之间距离应不大于2m，且围蔽区域或四角均应放置锥形筒；在交通道路上长期布置时，要考虑在转角和交叉处设置警示灯。

（2）临时提示遮栏及防护栏杆可用于以下场所：高压试验的场所周围、设备临时堆放区的四周、变电站主要电缆沟道临边。

（3）可根据施工实际情况选择提示遮栏，并挂上“禁止跨越”或“当心坑洞”等警示牌；防护栏杆应牢固稳定，做到符合标准和色标醒目。

（4）提示遮栏由立杆（高度为1.0～1.2m）和提示绳（带）组成，应与警示牌配合使用，固定方式可根据现场实际情况来选择，应保证稳定可靠。

提示遮栏示例见图3.4–3。

▶ 图3.4–3　提示遮栏

防爆照明灯具

规格 自定。

防爆照明灯具（BAJ52）的特点：①铸铝合金外壳，表面喷塑；②内装免维护镍镉电池组，正常供电时自动充电，事故断电或停电时应急灯自动点亮；③钢管或电缆布线均可。

该灯适用于1区、2区危险场所，也适用于ⅡA、ⅡB、ⅡC类爆炸性气体环境，可配装白炽灯或汞灯。

防爆照明灯具示例见图3.4-4。

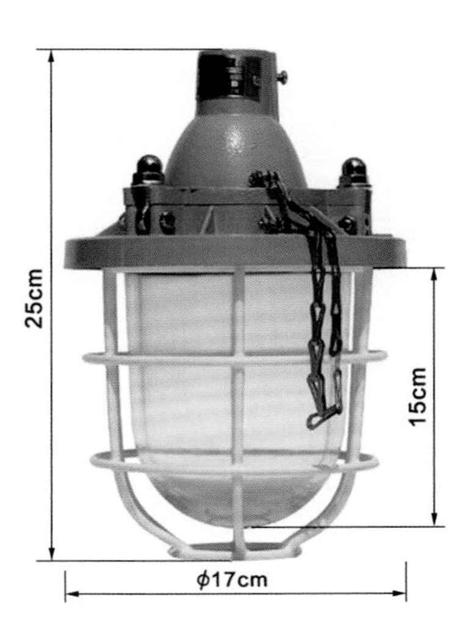

图3.4-4 防爆照明灯具（国标100W）

◎禁 止 标 志

规格　符合GB 2894—2008要求。

（1）禁止标志是禁止或制止人们想要做某种动作的标志。

（2）禁止标志牌为一长方形衬底牌，上方是圆形带斜杠的禁止标志，下方是矩形的补充标志，图形上、中、下间隔相等，中间斜杠斜度α=45°。

（3）禁止标志牌的衬底为白色，圆形和斜杠为红色（M100 Y100），禁止标志符号为黑色（K100），补充标志为红底、黑色黑体字。

禁止标志示例见图3.4–5。

▶ 图3.4–5　禁止标志

◎警告标志

规格 符合GB 2894—2008要求。

（1）警告标志是促使人们提高对可能发生危险的警惕性的标志。

（2）指令标志牌是为一长方形衬底牌，上方是圆形的指令标志，下方是矩形的补充标志，图形上、中、下间隔相等。

（3）警告标志牌的衬底为白色，正三角形及标志符号为黑色（K100），衬底为黄色（Y100），矩形补充标志为黑框黑体字，字为黑色，白色衬底。

警告标志示例见图3.4–6。

▶ 图3.4–6　警告标志

◎指令标志

规格 符合GB 2894—2008要求。

（1）指令标志是强制人们必须做出某种动作或采取防范措施的图形标志。

（2）指令标志牌是长方形的。上方是圆形的指令标志，下方是矩形的补充标志。图形上、中、下间隔相等。

（3）指令标志牌的衬底为白色，圆形衬底为蓝色（C100），指令符号为白色，矩形补充标志为黑色框和黑色字符，字为黑体。

指令标志示例见图3.4–7。

▶ 图3.4–7　指令标志

◎ 物料状态标记牌

规格　300mm × 200mm或200mm × 140mm。

物料状态标记牌用于标明材料／工具状态，分合格品、不合格品两种状态标记牌。

（1）合格品标记牌为绿色（C100 Y100）。

（2）不合格品标记牌为红色（M100 Y100）。

（3）现场所有的标志牌、标识牌、宣传牌等应制作标准、规范，且宜采用彩喷绘制；标志牌、标识牌框架、立柱、支撑件应使用钢结构或不锈钢结构；标牌埋设、悬挂、摆设除要做到安全、稳固、可靠外，还要做到规范、标准。

物料状态标记牌示例见图3.4–8。

▶ 图3.4-8　物料状态标记牌

◎推　　车

规格　自定。

（1）移动气瓶时专用的推车材质为ST3级不锈钢构架，面漆为蓝色。

（2）装卸推车时，瓶嘴阀门朝同一方向，防止相互碰撞、损坏和爆炸。

（3）在强烈阳光下运输推车，要用帆布遮盖以防止曝晒。

推车示例见图3.4-9。

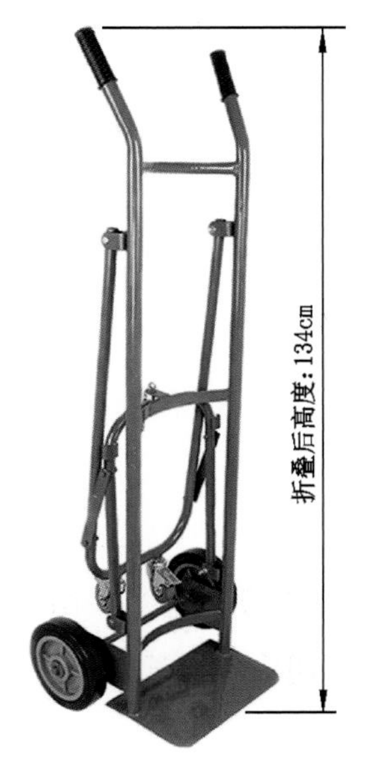

推车尺寸

折叠后高度：134cm
展开后高度：112cm
车身宽度：34cm
底板钢板长：35.3cm
宽：22.4cm
轮子直径：20cm
自重：11kg左右
承重：150kg

▶ 图3.4-9　推车

◎钢 制 箱 笼

规格 **自定。**

钢制箱笼是存放氧气、乙炔气瓶专用的防倾倒装置，其材质为钢材，由底板、立柱、链条构成，面漆为蓝色。

钢制箱笼示例见图3.4-10。

▶ 图3.4-10　钢制箱笼

SF6气瓶罩棚

规格 自定。

（1）空瓶和实瓶同库存放时应分开放置，空瓶和实瓶的间距不应小于1.5m。实瓶应直立储存。

（2）所装介质接触后能引发化学反应的异种气体气瓶应分开（分室存放）。

（3）气瓶库应通风干燥，防止雨（雪）淋，防水浸，避免阳光直射，要有便于装卸、运输的设施。

（4）气瓶库内实瓶的储存数量应有限制，在满足当天使用量和周转量的情况下，应尽量减少储存量。

SF6气瓶罩棚示例见图3.4-11。

▶ 图3.4-11　SF6气瓶罩棚

3.5 材料/设备临时堆放区

◎禁止标志

规格　符合GB 2894—2008要求。

（1）禁止标志是禁止或制止人们想要做某种动作的标志。

（2）禁止标志牌为一长方形衬底牌，上方是圆形带斜杠的禁止标志，下方是矩形的补充标志，图形上、中、下间隔相等，中间斜杠斜度α=45°。

（3）禁止标志牌的衬底为白色，圆形和斜杠为红色（M100 Y100），禁止标志符号为黑色（K100），补充标志为红底、黑色黑体字。

禁止标志示例见图3.5–1。

▶ 图3.5–1　禁止标志

分隔围栏

规格　自定。

（1）分隔围栏用于区域的划分和警戒，材料堆放区应设置临时分隔围栏。

（2）围栏采用的材料应为镀锌管和钢板，并涂刷油漆。

（3）在施工现场设置的临时材料堆放点，可利用彩条布、围栏等进行划分，同时应保持道路畅通。

分隔围栏示例见图3.5-2。

图3.5-2　分隔围栏

◎ 材料／设备标志牌

规格 自定。

材料／设备堆放区应悬挂材料／设备标志牌。其颜色为企业标准色（C100 M69 Y0 K38），材质为铝合金，工艺采用丝网印刷或即时贴。

材料／设备标志牌示例见图3.5-3。

▶ 图3.5-3　材料／设备标志牌

4 隧道施工区

4.1 明开作业

4.1.1 土方作业

◉ 钢管扣件组装式安全围栏

规格 参照《输变电工程安全文明施工标准化工作规范》。

在隧道施工区进行土方作业时，应设置安全围栏。安全围栏适用于施工区域临边防护。

（1）结构及形状

采用钢管及扣件组装，应由上下两道横杆及立杆组成。其中，立杆间距为2.0～2.5m，立杆打入地面50～70cm深，离边口的距离应不小于50cm；上横杆离地高度为1.0～1.2m，下横杆离地高度为50～60cm；杆件强度应满足安全要求，上横杆任何地方能经受任意方向的1000N外力；临空作业面应设置高180mm的挡脚板或安全立网。杆件应用红白油漆涂刷，且应间隔均匀，尺寸规范。

①立柱分为起步立杆（2个弯头）和转角立柱（4个弯头），立柱为直径48mm的钢管，高度为1200mm，扶手高度为600mm、1200mm；

②适用于现场施工楼层临边防护、道路侧边隔离、堆场之间及加工区之间的隔离；

③立杆为标准件，适用性强，安装时可横穿钢管，方便快捷（楼梯防护及楼层临边防护采用两道立杆）。

（2）使用要求

安全围栏应与警告标志、提示标志配合使用，固定方式应稳定可靠，人员可接近部位水平杆突出部分不得超出100mm。

钢管扣件组装式安全围栏示例见图4.1-1。

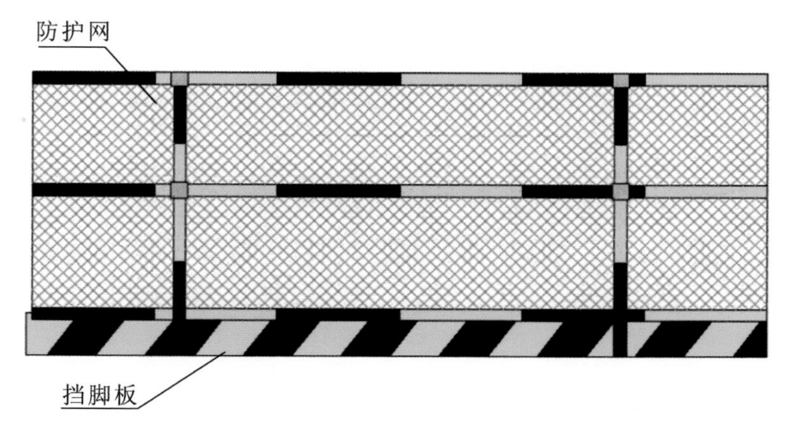

▶ 图4.1-1 钢管扣件组装式安全围栏

◎封 闭 围 挡

规格 自定。

（1）封闭围挡的高度：一般路段不低于1.8m，市区主要路段不低于2.5m并满足项目所在地要求。

（2）围挡结构应符合计算要求，确保结构稳定。

（3）金属式围挡分为白色板围挡、蓝色板围挡、蓝色板与白色板组合三种。

①金属板常用白色和蓝色。其2m的高度及东莞市输变电工程建设有限责任公司标识的组合图形不变。

②若彩板颜色为白色，下端0.3m高为蓝色，自大门边第2块板起每隔5～8块板设B式组合，尺寸大约为0.8m×0.16m（宽×高）。

③若彩板颜色为蓝色，下端0.3m高为白色，自大门边第2块板起每隔5～8块板设B式组合，尺寸大约为0.8m×0.16m（宽×高）。

封闭围挡示例见图4.1-2。

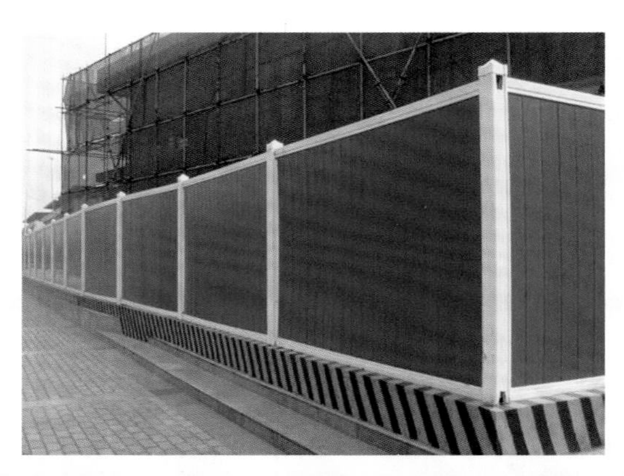

▶ 图4.1-2 封闭围挡

◎ 友情提示牌

规格 800mm × 500mm。

除山区及偏僻地区外，线路施工作业点应设置友情提示牌，尺寸为800mm × 500mm，总高度为1500mm。

友情提示牌示例见图4.1-3。

▶ 图4.1-3　友情提示牌

禁止标志

规格　符合GB 2894—2008要求。

（1）禁止标志是禁止或制止人们想要做某种动作的标志。

（2）禁止标志牌为一长方形衬底牌，上方是圆形带斜杠的禁止标志，下方是矩形的补充标志，图形上、中、下间隔相等，中间斜杠斜度$\alpha=45°$。

（3）禁止标志牌的衬底为白色，圆形和斜杠为红色（M100 Y100），禁止标志符号为黑色（K100），补充标志为红底、黑色黑体字。

禁止标志示例见图4.1-4。

▶ 图4.1-4　禁止标志

◎警 告 标 志

规格 符合GB 2894—2008要求。

（1）警告标志是促使人们提高对可能发生危险的警惕性的标志。

（2）警告标志牌为一长方形的衬底牌，上方是正三角形警告标志，下方是矩形的补充标志，图形上、中、下间隔相等。

（3）警告标志牌的衬底为白色，正三角形及标志符号为黑色（K100），衬底为黄色（Y100），矩形补充标志为黑框黑体字，字为黑色，白色衬底。

警告标志示例见图4.1–5。

▶ 图4.1–5　警告标志

◎指 令 标 志

规格 符合GB 2894—2008要求。

（1）指令标志是强制人们必须做出某种动作或采取防范措施的图形标志。

（2）指令标志牌是为一长方形衬底牌，上方是圆形的指令标志，下方是矩形的补充标志，图形上、中、下间隔相等。

（3）指令标志牌的衬底为白色，圆形衬底为蓝色（C100），指令符号为白色，矩形补充标志为黑色框和黑色字符，字为黑体。

指令标志示例见图4.1-6。

▶ 图4.1-6　指令标志

安 全 通 道

规格　自定。

（1）施工安全通道为施工人员安全进出建筑物而设置，根据施工需要可分为斜型走道和水平通道。施工安全通道的防护设施必须齐全、完整和有针对性。同时，随着楼层的升高，施工安全通道需向上铺设，要做好垂直坠落防护和水平通道防护。

（2）安全通道的指示牌图、标识和宣传部分必须醒目、齐全，配备正衣镜和休息区，为施工人员提供清晰而完整的指引和警戒。

（3）必须定期对安全通道进行巡视、检查和维护，动态更新指示牌图。

（4）结构及尺寸

变电工程脚手架安全通道、斜道的搭设执行Q／GDW 274—2009《变电工程落地式钢管脚手架搭设安全技术规范》；电缆沟安全通道宜用ϕ40钢管制作围栏，底部设两根横栏，上铺木板、钢板或竹夹板，确保稳定牢固，高1200mm，宽800mm，长度根据电缆沟的宽度确定。

安全通道示例见图4.1-7。

▶ 图4.1-7 安全通道

◎反 光 锥

规格 自定。

（1）反光锥可应用于所有道路的危险地段、施工场地、停车场及大型活动现场等，以便减少道路交通事故和大型活动现场的踩踏事故。路锥加荧光使警示更明显。

（2）有的路锥贴反光材料，有的路锥不贴反光材料。常规使用的路锥都贴有高亮度反光材料。

（3）反光锥应置于跨越架前150m处。

反光锥示例见图4.1–8。

▶ 图4.1–8　反光锥

◎ 减速防撞桶

规格 自定。

减速防撞桶的特点：质轻强度高、防腐耐候性强、抗冻防潮(水)、整体性好、装饰性好。此外，其回收价值低，不易被盗。

（1）防撞桶中灌沙或加水后，具有缓冲弹性，能有效吸收强大撞击力，减轻交通事故严重程度；组合使用后，整体承受力更强，更加稳固。

（2）防撞桶为橘红色，颜色鲜艳，贴上红白反光膜后在夜间更加醒目。

（3）体积大，醒目。

（4）安装和移动快速简便，不用机械，可节省成本，且不会损坏道路。

（5）可以随道路进行弯度调整，灵活方便。

减速防撞桶示例见图4.1-9。

▶ 图4.1-9　减速防撞桶

◎ 夜间警示灯

规格　**自定。**

夜间警示灯由电源、超低频振荡器和开关等组成，能控制警示灯在白天不亮，而在夜晚闪烁发出红光。将其安装在道路施工等场地，可以提醒人们注意安全。

夜间警示灯示例见图4.1-10。

▶ 图4.1-10　夜间警示灯

◎ LED导向灯

规格 **自定。**

LED导向灯由铝合金框架、箭头灯、LED透镜灯、反光膜、电池、开关等组成，具有提示方向和警示的作用，可用于道路、隧道。

LED导向灯示例见图4.1-11。

▶ 图4.1-11　LED导向灯

4.1.2 结构作业

◎禁止标志

规格 符合GB 2894—2008要求。

（1）禁止标志是禁止或制止人们想要做某种动作的标志。

（2）禁止标志牌为一长方形衬底牌，上方是圆形带斜杠的禁止标志，下方是矩形的补充标志，图形上、中、下间隔相等，中间斜杠斜度α=45°。

（3）禁止标志牌的衬底为白色，圆形和斜杠为红色（M100 Y100），禁止标志符号为黑色（K100），补充标志为红底、黑色黑体字。

禁止标志示例见图4.1–12。

▶ 图4.1–12 禁止标志

警 告 标 志

规格 符合GB 2894—2008要求。

（1）警告标志是促使人们提高对可能发生危险的警惕性的标志。

（2）警告标志牌为一长方形的衬底牌，上方是正三角形警告标志，下方是矩形的补充标志，图形上、中、下间隔相等。

（3）警告标志牌的衬底为白色，正三角形及标志符号为黑色（K100），衬底为黄色（Y100），矩形补充标志为黑框黑体字，字为黑色，白色衬底。

警告标志示例见图4.1–13。

图4.1–13　警告标志

◉指 令 标 志

规格 符合GB 2894—2008要求。

（1）指令标志是强制人们必须做出某种动作或采取防范措施的图形标志。

（2）指令标志牌是为一长方形衬底牌，上方是圆形的指令标志，下方是矩形的补充标志，图形上、中、下间隔相等。

（3）指令标志牌的衬底为白色，圆形衬底为蓝色（C100），指令符号为白色，矩形补充标志为黑色框和黑色字符，字为黑体。

指令标志示例见图4.1–14。

▶ 图4.1–14　指令标志

4.1.3 回填作业

◎禁 止 标 志

规格 符合GB 2894—2008要求。

（1）禁止标志是禁止或制止人们想要做某种动作的标志。
（2）禁止标志牌为一长方形衬底牌，上方是圆形带斜杠的禁止标志，下方是矩形的补充标志，图形上、中、下间隔相等，中间斜杠斜度α=45°。
（3）禁止标志牌的衬底为白色，圆形和斜杠为红色（M100 Y100），禁止标志符号为黑色（K100），补充标志为红底、黑色黑体字。

禁止标志示例见图4.1–15。

▶ 图4.1–15 禁止标志

警告标志

规格　符合GB 2894—2008要求。

（1）警告标志是促使人们提高对可能发生危险的警惕性的标志。

（2）警告标志牌为一长方形的衬底牌，上方是正三角形警告标志，下方是矩形的补充标志，图形上、中、下间隔相等。

（3）警告标志牌的衬底为白色，正三角形及标志符号为黑色（K100），衬底为黄色（Y100），矩形补充标志为黑框黑体字，字为黑色，白色衬底。

警告标志示例见图4.1–16。

▶ 图4.1–16　警告标志

◎指令标志

规格 符合GB 2894—2008要求。

（1）指令标志是强制人们必须做出某种动作或采取防范措施的图形标志。

（2）指令标志牌是为一长方形衬底牌，上方是圆形的指令标志，下方是矩形的补充标志，图形上、中、下间隔相等。

（3）指令标志牌的衬底为白色，圆形衬底为蓝色（C100），指令符号为白色，矩形补充标志为黑色框和黑色字符，字为黑体。

指令标志示例见图4.1-17。

▶ 图4.1-17　指令标志

4.2 暗挖作业

◎ 钢管扣件组装式安全围栏

规格 参照《输变电工程安全文明施工标准化工作规范》。

在隧道施工区进行暗挖作业时，应设置安全围栏。安全围栏适用于施工区域临边防护。

（1）结构及形状

采用钢管及扣件组装，应由上下两道横杆及立杆组成。其中，立杆间距为2.0～2.5m，立杆打入地面50～70cm深，离边口的距离应不小于50cm；上横杆离地高度为1.0～1.2m，下横杆离地高度为50～60cm；杆件强度应满足安全要求，上横杆任何地方能经受任意方向的1000N外力；临空作业面应设置高180mm的挡脚板或安全立网。杆件应用红白油漆涂刷，且应间隔均匀，尺寸规范。

①立柱分为起步立杆（2个弯头）和转角立柱（4个弯头），立柱为直径48mm的钢管，高度为1200mm，扶手高度为600mm、1200mm；

②适用于现场施工楼层临边防护、道路侧边隔离、堆场之间及加工区之间的隔离；

③立杆为标准件，适用性强，安装时可横穿钢管，方便快捷（楼梯防护及楼层临边防护采用两道立杆）。

（2）使用要求

安全围栏应与警告标志、提示标志配合使用，固定方式应稳定可靠，人员可接近部位水平杆突出部分不得超出100mm。

钢管扣件组装式安全围栏示例见图4.2–1。

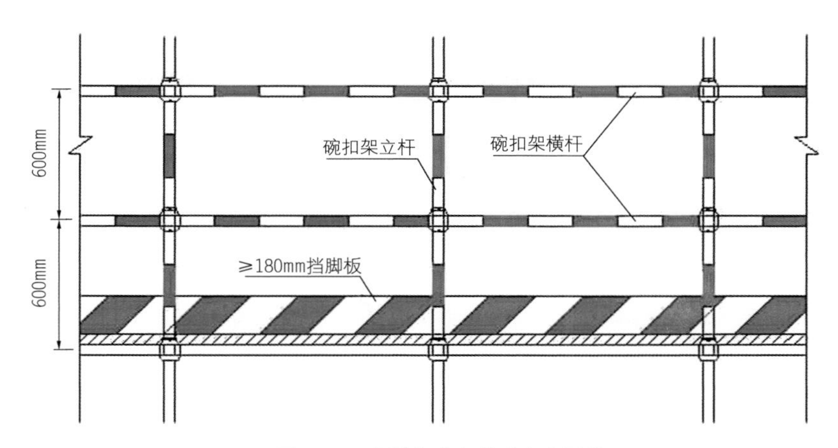

▶ 图4.2-1　钢管扣件组装式安全围栏

禁 止 标 志

规格　符合GB 2894—2008要求。

（1）禁止标志是禁止或制止人们想要做某种动作的标志。

（2）禁止标志牌为一长方形衬底牌，上方是圆形带斜杠的禁止标志，下方是矩形的补充标志，图形上、中、下间隔相等，中间斜杠斜度α=45°。

（3）禁止标志牌的衬底为白色，圆形和斜杠为红色（M100 Y100），禁止标志符号为黑色（K100），补充标志为红底、黑色黑体字。

禁止标志示例见图4.2-2。

▶ 图4.2-2　禁止标志

◉警 告 标 志

规格 符合GB 2894—2008要求。

（1）警告标志是促使人们提高对可能发生危险的警惕性的标志。

（2）警告标志牌为一长方形的衬底牌，上方是正三角形警告标志，下方是矩形的补充标志，图形上、中、下间隔相等。

（3）警告标志牌的衬底为白色，正三角形及标志符号为黑色（K100），衬底为黄色（Y100），矩形补充标志为黑框黑体字，字为黑色，白色衬底。

警告标志示例见图4.2–3。

▶ 图4.2–3 警告标志

指令标志

规格 符合GB 2894—2008要求。

（1）指令标志是强制人们必须做出某种动作或采取防范措施的图形标志。

（2）指令标志牌是为一长方形衬底牌，上方是圆形的指令标志，下方是矩形的补充标志，图形上、中、下间隔相等。

（3）指令标志牌的衬底为白色，圆形衬底为蓝色（C100），指令符号为白色，矩形补充标志为黑色框和黑色字符，字为黑体。

指令标志示例见图4.2-4。

▶ 图4.2-4　指令标志

提 示 标 志

规格 **参见《南方电网视觉系统手册》中相关要求。**

（1）提示标志是向人们提供某种信息（如标明安全设施或场所）的图形标志。

（2）提示标志的基本形式是正方形边框及相应文字。其中，文字采用黑色黑体字，提示标志的标准色为绿色（C100 Y100）。

（3）根据现场情况，提示标志可采用甲、乙两种规格尺寸：

甲：250mm×200mm；

乙：150mm×120mm。

提示标志示例见图4.2–5。

▶ 图4.2–5　提示标志

◎ 友情提示牌

规格 800mm×500mm。

除山区及偏僻地区外，线路施工作业点应设置友情提示牌，尺寸为800mm×500mm，总高度为1500mm。

友情提示牌示例见图4.2–6。

▶ 图4.2–6　友情提示牌

◎ 安 全 通 道

规格 自定。

（1）施工安全通道为施工人员安全进出建筑物而设置，根据施工需要可分为斜型走道和水平通道。施工安全通道的防护设施必须齐全、完整和有针对性。同时，随着楼层的升高，施工安全通道需向上铺设，要做好垂直坠落防护和水平通道防护。

（2）安全通道的指示牌图、标识和宣传部分必须醒目、齐全，配备正衣镜和休息区，为施工人员提供清晰而完整的指引和警戒。

（3）必须定期对安全通道进行巡视、检查和维护，动态更新指示牌图。

（4）结构及尺寸

变电工程脚手架安全通道、斜道的搭设执行Q／GDW 274—2009《变电工程落地式钢管脚手架搭设安全技术规范》；电缆沟安全通道宜用ϕ40钢管制作围栏，底部设两根横栏，上铺木板、钢板或竹夹板，确保稳定牢固，高1200mm，宽800mm，长度根据电缆沟的宽度确定。

安全通道示例见图4.2–7。

▶ 图4.2–7　安全通道

◎ 密目式安全立网（或挡脚板）

规格 不低于800目/100cm²（挡脚板厚18mm，高180mm）。

（1）密目式安全立网（简称密目网）用于作业层、平台、斜道四周或两侧防护，密目网宜放在杆件的里侧。

（2）密目网不低于800目/100cm²（挡脚板厚18mm，高180mm）做耐贯穿试验时不穿透，6m×18m的单张网质量应在3.0kg以上，并应尽量满足环境在效果方面的要求。

（3）密目网必须有产品生产许可证、质量合格证及建筑安全监督管理部门发放的准用证等。严禁使用无证不合格的产品。密目网应绷紧、扎牢、拼接严密，不得使用破损的密目网。

密目式安全立网（或挡脚板）示例见图4.2-8。

▶ 图4.2-8 密目式安全立网（或挡脚板）

◎平　　网

规格　参见 GB 5725—2009《安全网》。

（1）平网的系绳与网体应牢固连接，各系绳沿网边应均匀分布，相邻两系绳间距应不大于75cm，系绳长度应不小于 80cm。
（2）采用平网防护时，严禁用密目式安全立网代替平网。

平网示例见图4.2-9。

▶ 图4.2-9　平网

◎反　光　锥

规格　自定。

（1）反光锥可应用于所有道路的危险地段、施工场地、停车场及大型活动现场等，以便减少道路交通事故和大型活动现场的踩踏事故。路锥加荧光使警示更明显。

（2）有的路锥贴反光材料，有的路锥不贴反光材料。常规使用的路锥都贴有高亮度反光材料。

（3）反光锥应置于跨越架前150m处。

反光锥示例见图4.2-10。

▶ 图4.2-10　反光锥

减速防撞桶

规格 自定。

减速防撞桶的特点：质轻强度高、防腐耐候性强、抗冻防潮(水)、整体性好、装饰性好。此外，其回收价值低，不易被盗。

（1）防撞桶中灌沙或加水后，具有缓冲弹性，能有效吸收强大撞击力，减轻交通事故严重程度；组合使用后，整体承受力更强，更加稳固。

（2）防撞桶为橘红色，颜色鲜艳，贴上红白反光膜后在夜间更加醒目。

（3）体积大，醒目。

（4）安装和移动快速简便，不用机械，可节省成本，且不会损坏道路。

（5）可以随道路进行弯度调整，灵活方便。

减速防撞桶示例见图4.2-11。

▶ 图4.2-11　减速防撞桶

◎ 夜间警示灯

规格 自定。

夜间警示灯由电源、超低频振荡器和开关等组成，能控制警示灯在白天不亮，而在夜晚闪烁发出红光。将其安装在道路施工等场地，可以提醒人们注意安全。

夜间警示灯示例见图4.2-12。

▶ 图4.2-12　夜间警示灯

◎ LED导向灯

规格 自定。

LED导向灯由铝合金框架、箭头灯、LED透镜灯、反光膜、电池、开关等组成，具有提示方向和警示的作用，可用于道路、隧道。

LED导向灯示例见图4.2-13。

▶ 图4.2-13 LED导向灯

◎ 有毒有害气体检测设备

规格 自定。

有毒有害气体检测设备适用于封闭及狭窄空间，可检测一氧化碳、氨气、硫化氢、氯气等。

有毒有害气体检测设备示例见图4.2-14。

▶ 图4.2-14　有毒有害气体检测设备

4.3 盾构电力隧道施工

◎ 钢管扣件组装式安全围栏

规格 **参照《输变电工程安全文明施工标准化工作规范》。**

在盾构电力隧道施工区进行作业时，应设置安全围栏。安全围栏适用于施工区域临边防护。

（1）结构及形状

采用钢管及扣件组装，应由上下两道横杆及立杆组成。其中，立杆间距为2.0～2.5m，立杆打入地面50～70cm深，离边口的距离应不小于50cm；上横杆离地高度为1.0～1.2m，下横杆离地高度为50～60cm；杆件强度应满足安全要求，上横杆任何地方能经受任意方向的1000N外力；临空作业面应设置高180mm的挡脚板或安全立网。杆件应用红白油漆涂刷，且应间隔均匀，尺寸规范。

①立柱分为起步立杆（2个弯头）和转角立柱（4个弯头），立柱为直径48mm的钢管，高度为1200mm，扶手高度为600mm、1200mm；

②适用于现场施工楼层临边防护、道路侧边隔离、堆场之间及加工区之间的隔离；

③立杆为标准件，适用性强，安装时可横穿钢管，方便快捷（楼梯防护及楼层临边防护采用两道立杆）。

（2）使用要求

安全围栏应与警告标志、提示标志配合使用，固定方式应稳定可靠，人员可接近部位水平杆突出部分不得超出100mm。

钢管扣件组装式安全围栏示例见图4.3-1。

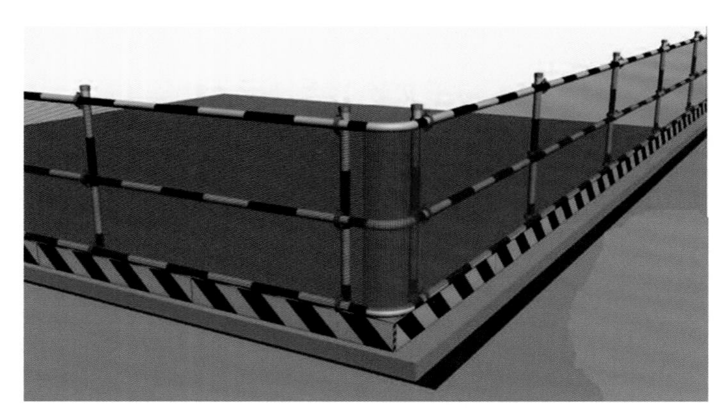

▶ 图4.3-1　钢管扣件组装式安全围栏

◎禁 止 标 志

规格　符合GB 2894—2008要求。

（1）禁止标志是禁止或制止人们想要做某种动作的标志。

（2）禁止标志牌为一长方形衬底牌，上方是圆形带斜杠的禁止标志，下方是矩形的补充标志，图形上、中、下间隔相等，中间斜杠斜度 α=45°。

（3）禁止标志牌的衬底为白色，圆形和斜杠为红色（M100 Y100），禁止标志符号为黑色（K100），补充标志为红底、黑色黑体字。

禁止标志示例见图4.3-2。

▶ 图4.3-2　禁止标志

警 告 标 志

规格 符合GB 2894—2008要求。

（1）警告标志是促使人们提高对可能发生危险的警惕性的标志。

（2）警告标志牌为一长方形的衬底牌，上方是正三角形警告标志，下方是矩形的补充标志，图形上、中、下间隔相等。

（3）警告标志牌的衬底为白色，正三角形及标志符号为黑色（K100），衬底为黄色（Y100），矩形补充标志为黑框黑体字，字为黑色，白色衬底。

警告标志示例见图4.3–3。

▶ 图4.3–3　警告标志

◎指 令 标 志

规格 符合GB 2894—2008要求。

（1）指令标志是强制人们必须做出某种动作或采取防范措施的图形标志。

（2）指令标志牌是为一长方形衬底牌，上方是圆形的指令标志，下方是矩形的补充标志，图形上、中、下间隔相等。

（3）指令标志牌的衬底为白色，圆形衬底为蓝色（C100），指令符号为白色，矩形补充标志为黑色框和黑色字符，字为黑体。

指令标志示例见图4.3-4。

▶ 图4.3-4　指令标志

提 示 标 志

规格 **参见《南方电网视觉系统手册》中相关要求。**

（1）提示标志是向人们提供某种信息（如标明安全设施或场所）的图形标志。
（2）提示标志的基本形式是正方形边框及相应文字。其中，文字采用黑色黑体字，提示标志的标准色为绿色（C100 Y100）。
（3）根据现场情况，提示标志可采用甲、乙两种规格尺寸：

甲：250mm×200mm；

乙：150mm×120mm。

提示标志示例见图4.3-5。

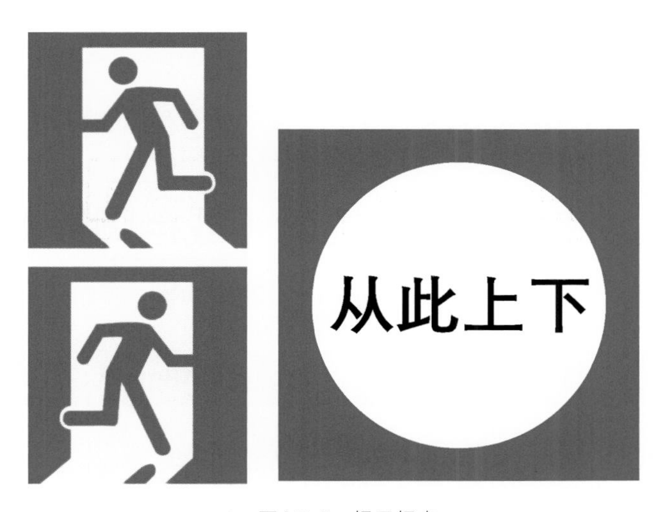

▶ 图4.3-5 提示标志

◎ 友情提示牌

规格 800mm×500mm。

除山区及偏僻地区外，线路施工作业点应设置友情提示牌，尺寸为800mm×500mm，总高度为1500mm。

友情提示牌示例见图4.3-6。

▶ 图4.3-6 友情提示牌

◎ 密目式安全立网（或挡脚板）

规格 密目网不低于800目/100cm^2（挡脚板厚18mm，高180mm）。

（1）密目式安全立网（简称密目网）用于作业层、平台、斜道四周或两侧防护，密目网宜放在杆件的里侧。

（2）密目网不低于800目/100cm^2（挡脚板厚18mm，高180mm）做耐贯穿试验时不穿透，6m×18m的单张网质量应在3.0kg以上，并应尽量满足环境在效果方面的要求。

（3）密目网必须有产品生产许可证、质量合格证及建筑安全监督管理部门发放的准用证等。严禁使用无证不合格的产品。密目网应绷紧、扎牢、拼接严密，不得使用破损的密目网。

密目式安全立网（或挡脚板）示例见图4.3–7。

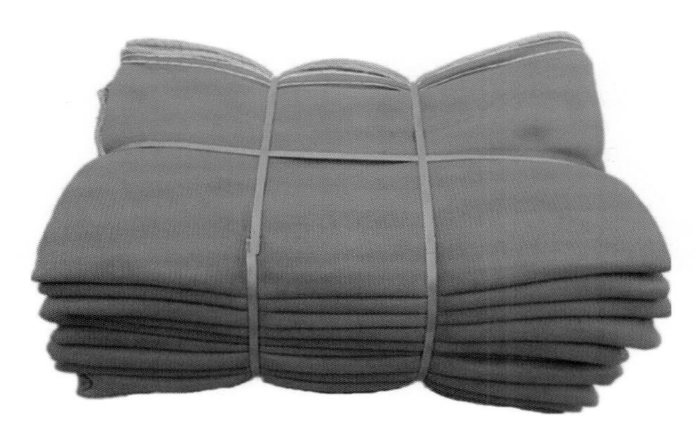

▶ 图4.3–7　密目式安全立网（或挡脚板）

◎平　网

规格　参见 GB 5725—2009《安全网》。

（1）平网的系绳与网体应牢固连接，各系绳沿网边应均匀分布，相邻两系绳间距应不大于75cm，系绳长度应不小于 80cm。

（2）采用平网防护时，严禁用密目式安全立网代替平网。

平网示例见图4.3–8。

▶ 图4.3-8 平网

◎反 光 锥

规格 自定。

（1）反光锥可应用于所有道路的危险地段、施工场地、停车场及大型活动现场等，以便减少道路交通事故和大型活动现场的踩踏事故。路锥加荧光使警示更明显。
（2）有的路锥贴反光材料，有的路锥不贴反光材料。常规使用的路锥都贴有高亮度反光材料。
（3）反光锥应置于跨越架前150m处。

反光锥示例见图4.3-9。

▶ 图4.3-9 反光锥

◎ 减速防撞桶

规格 自定。

减速防撞桶的特点：质轻强度高、防腐耐候性强、抗冻防潮(水)、整体性好、装饰性好。此外，其回收价值低，不易被盗。

（1）防撞桶中灌沙或加水后，具有缓冲弹性，能有效吸收强大撞击力，减轻交通事故严重程度；组合使用后，整体承受力更强，更加稳固。

（2）防撞桶为橘红色，颜色鲜艳，贴上红白反光膜后在夜间更加醒目。

（3）体积大，醒目。

（4）安装和移动快速简便，不用机械，可节省成本，且不会损坏道路。

（5）可以随道路进行弯度调整，灵活方便。

减速防撞桶示例见图4.3-10。

▶ 图4.3-10　减速防撞桶

◎ 夜间警示灯

规格 自定。

夜间警示灯由电源、超低频振荡器和开关等组成，能控制警示灯在白天不亮，而在夜晚闪烁发出红光。将其安装在道路施工等场地，可以提醒人们注意安全。

夜间警示灯示例见图4.3–11。

▶ 图4.3–11　夜间警示灯

◎ LED导向灯

规格 自定。

LED导向灯由铝合金框架、箭头灯、LED透镜灯、反光膜、电池、开关等组成，具有提示方向和警示的作用，可用于道路、隧道。

LED导向灯示例见图4.3–12。

▶ 图4.3-12　LED导向灯

◎ 有毒有害气体检测设备

规格 自定。

有毒有害气体检测设备适用于封闭及狭窄空间，可检测一氧化碳、氨气、硫化氢、氯气等。

有毒有害气体检测设备示例见图4.3-13。

▶ 图4.3-13　有毒有害气体检测设备

◉ 隧道内防爆照明

规格 自定。

隧道内防爆照明灯（BAJ52）的特点：①铸铝合金外壳，表面喷塑；②内装免维护镍镉电池组，正常供电时自动充电，事故断电或停电时应急灯自动点亮；③钢管或电缆布线均可。

该灯适用于1区、2区危险场所，也适用于ⅡA、ⅡB、ⅡC类爆炸性气体环境，可配装白炽灯或汞灯。

隧道内防爆照明示例见图4.3-14。

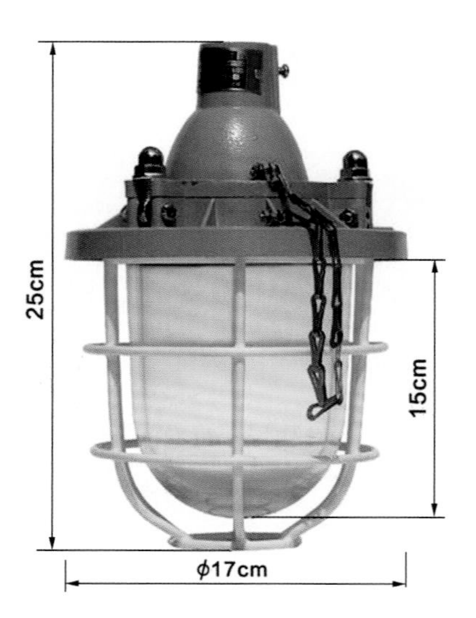

▶ 图4.3-14　隧道内防爆照明（国标100W）

5 电缆线路安装施工区

5.1 电缆敷设

◎ 钢管扣件组装式安全围栏

规格 参照《输变电工程安全文明施工标准化工作规范》。

在敷设电缆时，应设置安全围栏。安全围栏适用于施工区域临边防护。

（1）结构及形状

采用钢管及扣件组装，应由上下两道横杆及立杆组成。其中，立杆间距为2.0～2.5m，立杆打入地面50～70cm深，离边口的距离应不小于50cm；上横杆离地高度为1.0～1.2m，下横杆离地高度为50～60cm；杆件强度应满足安全要求，上横杆任何地方能经受任意方向的1000N外力；临空作业面应设置高180mm的挡脚板或安全立网。杆件应用红白油漆涂刷，且应间隔均匀，尺寸规范。

①立柱分为起步立杆（2个弯头）和转角立柱（4个弯头），立柱为直径48mm的钢管，高度为1200mm，扶手高度为600mm、1200mm；

②适用于现场施工楼层临边防护、道路侧边隔离、堆场之间及加工区之间的隔离；

③立杆为标准件，适用性强，安装时可横穿钢管，方便快捷（楼梯防护及楼层临边防护采用两道立杆）。

（2）使用要求

安全围栏应与警告标志、提示标志配合使用，固定方式应稳定可靠，人员可接近部位水平杆突出部分不得超出100mm。

钢管扣件组装式安全围栏示例见图5.1-1。

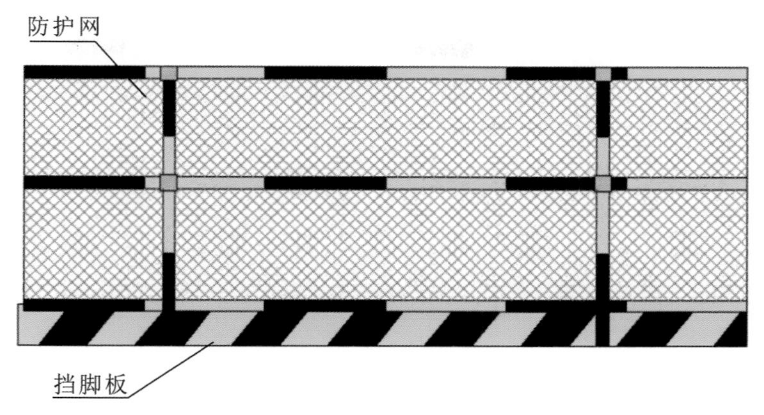

▶ 图5.1-1　钢管扣件组装式安全围栏

封 闭 围 挡

规格　**自定。**

（1）封闭围挡的高度：一般路段不低于1.8m，市区主要路段不低于2.5m并满足项目所在地要求。

（2）围挡结构应符合计算要求，确保结构稳定。

（3）金属式围挡分为白色板围挡、蓝色板围挡、蓝色板与白色板组合三种。

①金属板常用白色和蓝色。其2m的高度及东莞市输变电工程建设有限责任公司标识的组合图形不变。

②若彩板颜色为白色，则下端0.3m高为蓝色，自大门边第2块板起每隔5～8块板设B式组合，尺寸大约为0.8m×0.16m（宽×高）。

③若彩板颜色为蓝色，则下端0.3m高为白色，自大门边第2块板起每隔5～8块板设B式组合，尺寸大约为0.8m×0.16m（宽×高）。

封闭围挡示例见图5.1-2。

▶ 图5.1-2　封闭围挡

◉禁 止 标 志

规格　符合GB 2894—2008要求。

（1）禁止标志是禁止或制止人们想要做某种动作的标志。

（2）禁止标志牌为一长方形衬底牌，上方是圆形带斜杠的禁止标志，下方是矩形的补充标志，图形上、中、下间隔相等，中间斜杠斜度α=45°。

（3）禁止标志牌的衬底为白色，圆形和斜杠为红色（M100 Y100），禁止标志符号为黑色（K100），补充标志为红底、黑色黑体字。

禁止标志示例见图5.1-3。

▶ 图5.1-3　禁止标志

◎警 告 标 志

规格 符合GB 2894—2008要求。

（1）警告标志是促使人们提高对可能发生危险的警惕性的标志。

（2）警告标志牌为一长方形的衬底牌，上方是正三角形警告标志，下方是矩形的补充标志，图形上、中、下间隔相等。

（3）警告标志牌的衬底为白色，正三角形及标志符号为黑色（K100），衬底为黄色（Y100），矩形补充标志为黑框黑体字，字为黑色，白色衬底。

警告标志示例见图5.1–4。

▶ 图5.1–4　警告标志

指 令 标 志

规格　符合GB 2894—2008要求。

（1）指令标志是强制人们必须做出某种动作或采取防范措施的图形标志。

（2）指令标志牌是为一长方形衬底牌，上方是圆形的指令标志，下方是矩形的补充标志，图形上、中、下间隔相等。

（3）指令标志牌的衬底为白色，圆形衬底为蓝色（C100），指令符号为白色，矩形补充标志为黑色框和黑色字符，字为黑体。

指令标志示例见图5.1–5。

▶ 图5.1–5　指令标志

友情提示牌

规格　800mm × 500mm。

除山区及偏僻地区外，线路施工作业点应设置友情提示牌，尺寸为800mm × 500mm，总高度为1500mm。

友情提示牌示例见图5.1-6。

▶ 图5.1-6　友情提示牌

◎ 密目式安全立网（或挡脚板）

规格　不低于800目/100cm²（挡脚板厚18mm，高180mm）。

（1）密目式安全立网（简称密目网）用于作业层、平台、斜道四周或两侧防护，密目网宜放在杆件的里侧。

（2）密目网不低于800目/100cm²（挡脚板厚18mm，高180mm）做耐贯穿试验时不穿透，6m × 18m的单张网质量应在3.0kg以上，并应尽量满足环境在效果方面的要求。

（3）密目网必须有产品生产许可证、质量合格证及建筑安全监督管理部门发放的准用证等。严禁使用无证不合格的产品。密目网应绷紧、扎牢、拼接严密，不得使用破损的密目网。

密目式安全立网（或挡脚板）示例见图5.1-7。

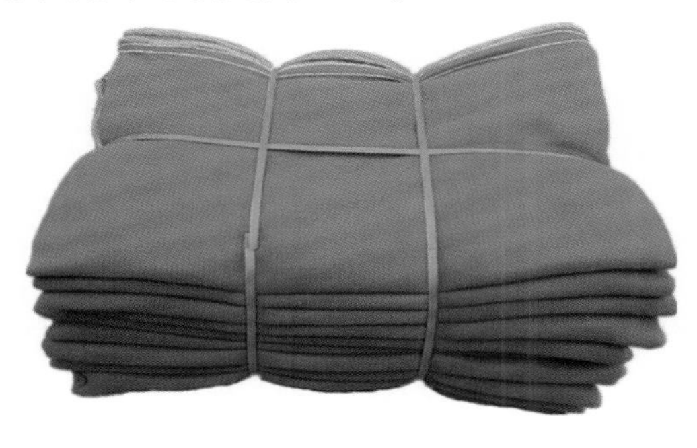

▶ 图5.1-7　密目式安全立网（或挡脚板）

◎反 光 锥

规格 自定。

（1）反光锥可应用于所有道路的危险地段、施工场地、停车场及大型活动现场等，以便减少道路交通事故和大型活动现场的踩踏事故。路锥加荧光使警示更明显。

（2）有的路锥贴反光材料，有的路锥不贴反光材料。常规使用的路锥都贴有高亮度反光材料。

（3）反光锥应置于跨越架前150m处。

反光锥示例见图5.1–8。

▶ 图5.1–8　反光锥

◎减速防撞桶

规格 自定。

减速防撞桶的特点：质轻强度高、防腐耐候性强、抗冻防潮（水）、整体性好、装饰性好。此外，其回收价值低，不易被盗。

（1）防撞桶中灌沙或加水后，具有缓冲弹性，能有效吸收强大撞击力，减轻交通事故严重程度；组合使用后，整体承受力更强，更加稳固。
（2）防撞桶为橘红色，颜色鲜艳，贴上红白反光膜后在夜间更加醒目。
（3）体积大，醒目。
（4）安装和移动快速简便，不用机械，可节省成本，且不会损坏道路。
（5）可以随道路进行弯度调整，灵活方便。

减速防撞桶示例见图5.1–9。

▶ 图5.1–9　减速防撞桶

◎ 夜间警示灯

规格 自定。

夜间警示灯由电源、超低频振荡器和开关等组成，能控制警示灯在白天不亮，而在夜晚闪烁发出红光。将其安装在道路施工等场地，可以提醒人们注意安全。

夜间警示灯示例见图5.1–10。

▶ 图5.1-10 夜间警示灯

LED导向灯

规格 自定。

LED导向灯由铝合金框架、箭头灯、LED透镜灯、反光膜、电池、开关等组成，具有提示方向和警示的作用，可用于道路、隧道。

LED导向灯示例见图5.1-11。

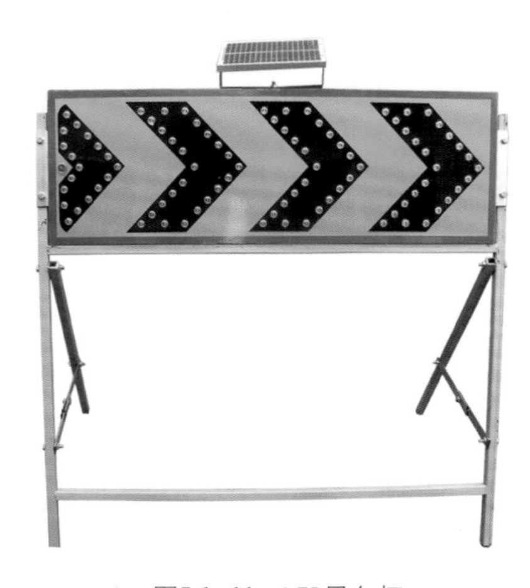

▶ 图5.1-11 LED导向灯

有毒有害气体检测设备

规格 自定。

有毒有害气体检测设备适用于封闭及狭窄空间，可检测一氧化碳、氨气、硫化氢、氯气等。

有毒有害气体检测设备示例见图5.1-12。

▶ 图5.1-12　有毒有害气体检测设备

隧道内防爆照明

规格 自定。

隧道内防爆照明灯（BAJ52）的特点：①铸铝合金外壳，表面喷塑；②内装免维护镍镉电池组，正常供电时自动充电，事故断电或停电时应急灯自动点亮；③钢管或电缆布线均可。

该灯适用于1区、2区危险场所，也适用于ⅡA、ⅡB、ⅡC类爆炸性气体环境，可配装白炽灯或汞灯。

隧道内防爆照明示例见图5.1-13。

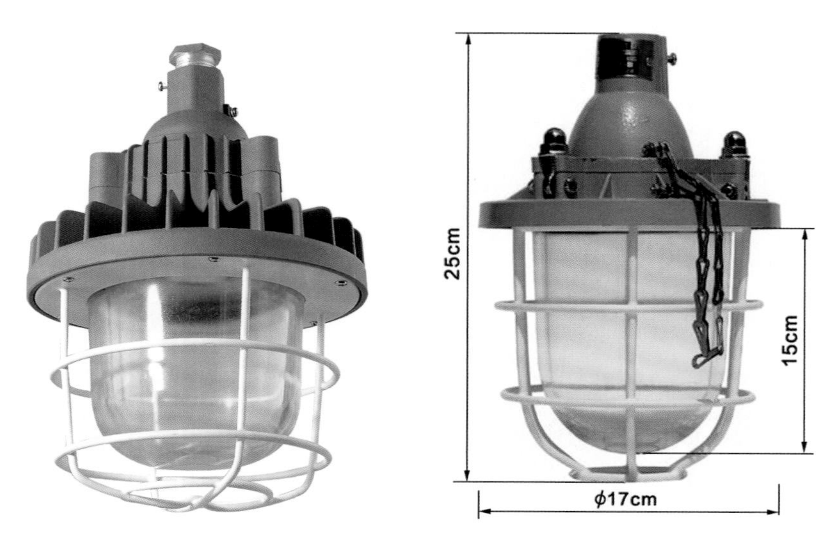

▶ 图5.1-13　隧道内防爆照明（国标100W）

◎ 双向警示告知牌

规格　自定。

双向警示告知牌一般由黄色PP材质制成。尺寸为210mm（上）×300mm（下）×620mm（高）。其特点：字迹清晰，可见度高，丝网印刷，油墨耐损。可放置在井口附近，提醒行人及车辆注意安全，提高警惕。

双向警示告知牌示例见图5.1-14。

▶ 图5.1-14　双向警示告知牌

◎验　电　器

规格　自定。

验电器用于检验线路或设备是否带电。

验电器应具备生产许可证、产品合格证及安全鉴定合格证。此外，有关技术保证文件应齐全。其使用要求如下：

①使用前应根据被测线路的额定电压选用合适型号的指示器和操作杆，并进行外观检查，验电器各部分的连接应牢固、可靠，指示器应密封完好，表面光滑、平整，指示器上的标志应完整，绝缘杆表面应清洁、光滑，无划痕及硬伤。

②验电前应先对指示器进行自测，试验合格后才能将指示器旋转固定在操作杆（绝缘杆）上，并将操作杆拉伸至规定长度（以节数顺序编号、全部依次露出为准），再做一次自检后才能进行验电操作。

③要避免跌落、挤压和强烈冲击振动，不要用腐蚀性化学溶剂和洗涤剂等溶液擦拭。此外，不要放在烈日下暴晒，要保持清洁，存放于干燥处。

对验电器要按规定定期进行预防性试验。

验电器示例见图5.1–15。

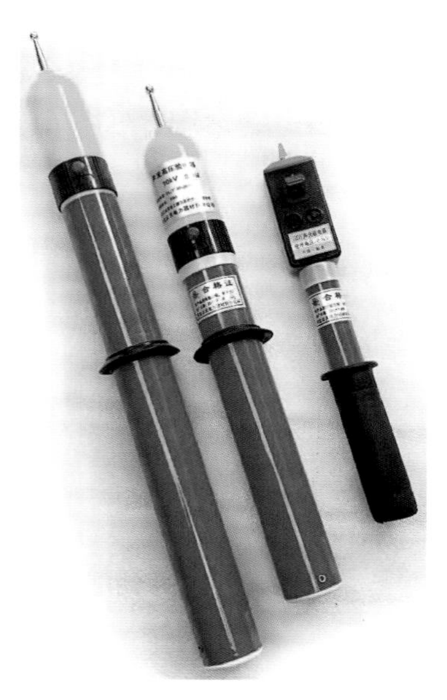

▶ 图5.1–15　验电器

5.2 电缆附件安装

◎ 钢管扣件组装式安全围栏

规格 参照《输变电工程安全文明施工标准化工作规范》。

在进行电缆附件安装作业时，应设置安全围栏。安全围栏适用于施工区域临边防护。

（1）结构及形状

采用钢管及扣件组装，应由上下两道横杆及立杆组成。其中，立杆间距为2.0～2.5m，立杆打入地面50～70cm深，离边口的距离应不小于50cm；上横杆离地高度为1.0～1.2m，下横杆离地高度为50～60cm；杆件强度应满足安全要求，上横杆任何地方能经受任意方向的1000N外力；临空作业面应设置高180mm的挡脚板或安全立网。杆件应用红白油漆涂刷，且应间隔均匀，尺寸规范。

①立柱分为起步立杆（2个弯头）和转角立柱（4个弯头），立柱为直径48mm的钢管，高度为1200mm，扶手高度为600mm、1200mm；

②适用于现场施工楼层临边防护、道路侧边隔离、堆场之间及加工区之间的隔离；

③立杆为标准件，适用性强，安装时可横穿钢管，方便快捷（楼梯防护及楼层临边防护采用两道立杆）。

（2）使用要求

安全围栏应与警告标志、提示标志配合使用，固定方式应稳定可靠，人员可接近部位水平杆突出部分不得超出100mm。

钢管扣件组装式安全围栏示例见图5.2-1。

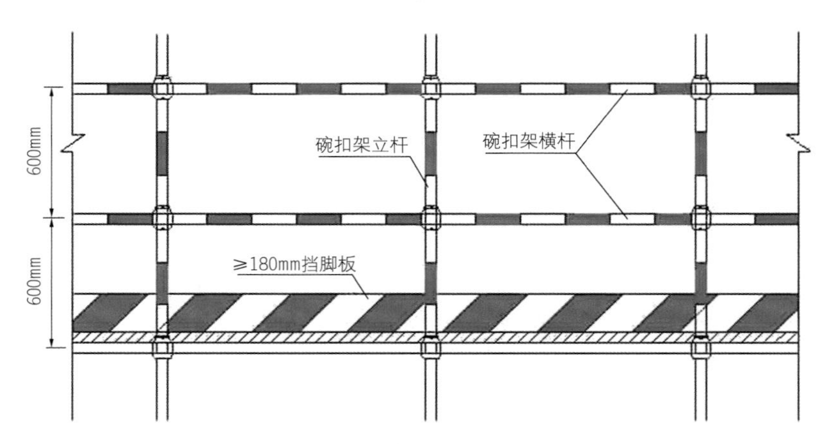

▶ 图5.2-1 钢管扣件组装式安全围栏

禁止标志

规格 符合GB 2894—2008要求。

（1）禁止标志是禁止或制止人们想要做某种动作的标志。

（2）禁止标志牌为一长方形衬底牌，上方是圆形带斜杠的禁止标志，下方是矩形的补充标志，图形上、中、下间隔相等，中间斜杠斜度α=45°。

（3）禁止标志牌的衬底为白色，圆形和斜杠为红色（M100 Y100），禁止标志符号为黑色（K100），补充标志为红底、黑色黑体字。

禁止标志示例见图5.2-2。

▶ 图5.2-2 禁止标志

◎警 告 标 志

规格 符合GB 2894—2008要求。

（1）警告标志是促使人们提高对可能发生危险的警惕性的标志。

（2）警告标志牌为一长方形的衬底牌，上方是正三角形警告标志，下方是矩形的补充标志，图形上、中、下间隔相等。

（3）警告标志牌的衬底为白色，正三角形及标志符号为黑色（K100），衬底为黄色（Y100），矩形补充标志为黑框黑体字，字为黑色，白色衬底。

警告标志示例见图5.2–3。

▶ 图5.2–3　警告标志

◎指令标志

规格 符合GB 2894—2008要求。

（1）指令标志是强制人们必须做出某种动作或采取防范措施的图形标志。

（2）指令标志牌是为一长方形衬底牌，上方是圆形的指令标志，下方是矩形的补充标志，图形上、中、下间隔相等。

（3）指令标志牌的衬底为白色，圆形衬底为蓝色（C100），指令符号为白色，矩形补充标志为黑色框和黑色字符，字为黑体。

指令标志示例见图5.2–4。

▶ 图5.2–4 指令标志

提 示 标 志

规格　参见《南方电网视觉系统手册》中相关要求。

（1）提示标志是向人们提供某种信息（如标明安全设施或场所）的图形标志。
（2）提示标志的基本形式是正方形边框及相应文字。其中，文字采用黑色黑体字，提示标志的标准色为绿色（C100 Y100）。
（3）根据现场情况，提示标志可采用甲、乙两种规格尺寸:
甲：250mm × 200mm;
乙：150mm × 120mm。

提示标志示例见图5.2-5。

▶ 图5.2-5　提示标志

◎ 友情提示牌

规格 800mm×500mm。

除山区及偏僻地区外，线路施工作业点应设置友情提示牌，尺寸为800mm×500mm，总高度为1500mm。

友情提示牌示例见图5.2-6。

▶ 图5.2-6　友情提示牌

◎ 密目式安全立网（或挡脚板）

规格 不低于800目/100cm^2（挡脚板厚18mm，高180mm）。

（1）密目式安全立网（简称密目网）用于作业层、平台、斜道四周或两侧防护，密目网宜放在杆件的里侧。

（2）密目网不低于800目/100cm^2（挡脚板厚18mm，高180mm）做耐贯穿试验时不穿透，6m×18m的单张网质量应在3.0kg以上，并应尽量满足环境在效果方面的要求。

（3）密目网必须有产品生产许可证、质量合格证及建筑安全监督管理部门发放的准用证等。严禁使用无证不合格的产品。密目网应绷紧、扎牢、拼接严密，不得使用破损的密目网。

密目式安全立网（或挡脚板）示例见图5.2-7。

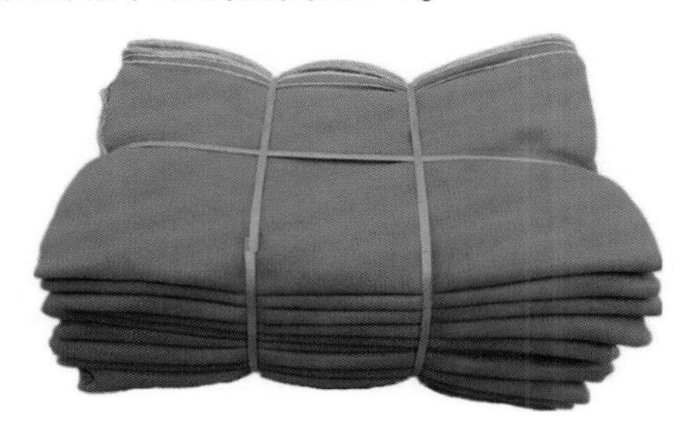

▶ 图5.2-7　密目式安全立网（或挡脚板）

◎反　光　锥

规格　自定。

（1）反光锥可应用于所有道路的危险地段、施工场地、停车场及大型活动现场等，以便减少道路交通事故和大型活动现场的踩踏事故。路锥加荧光使警示更明显。

（2）有的路锥贴反光材料，有的路锥不贴反光材料。常规使用的路锥都贴有高亮度反光材料。

（3）反光锥应置于跨越架前150m处。

反光锥示例见图5.2-8。

▶ 图5.2-8　反光锥

减速防撞桶

规格 自定。

减速防撞桶的特点：质轻强度高、防腐耐候性强、抗冻防潮(水)、整体性好、装饰性好。此外，其回收价值低，不易被盗。

（1）防撞桶中灌沙或加水后，具有缓冲弹性，能有效吸收强大撞击力，减轻交通事故严重程度；组合使用后，整体承受力更强，更加稳固。

（2）防撞桶为橘红色，颜色鲜艳，贴上红白反光膜后在夜间更加醒目。

（3）体积大，醒目。

（4）安装和移动快速简便，不用机械，可节省成本，且不会损坏道路。

（5）可以随道路进行弯度调整，灵活方便。

减速防撞桶示例见图5.2-9。

图5.2-9 减速防撞桶

夜间警示灯

规格 自定。

夜间警示灯由电源、超低频振荡器和开关等组成，能控制警示灯在白天不亮，而在夜晚闪烁发出红光。将其安装在道路施工等场地，可以提醒人们注意安全。

夜间警示灯示例见图5.2-10。

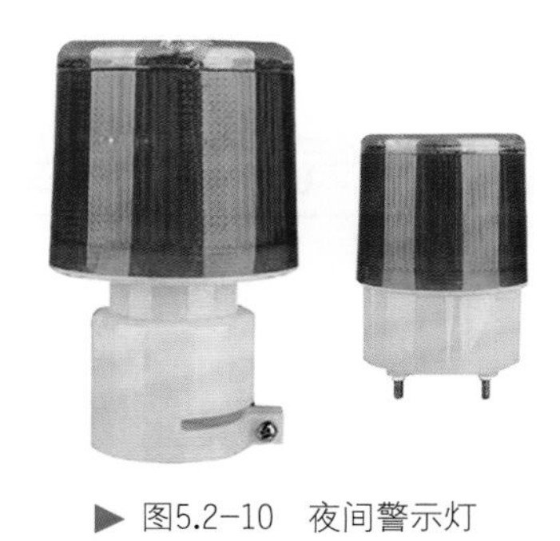

▶ 图5.2-10 夜间警示灯

LED导向灯

规格 自定。

LED导向灯由铝合金框架、箭头灯、LED透镜灯、反光膜、电池、开关等组成，具有提示方向和警示的作用，可用于道路、隧道。

LED导向灯示例见图5.2-11。

▶ 图5.2-11　LED导向灯

◎ 有毒有害气体检测设备

规格 自定。

有毒有害气体检测设备适用于封闭及狭窄空间，可检测一氧化碳、氨气、硫化氢、氯气等。

有毒有害气体检测设备示例见图5.2-12。

▶ 图5.2-12　有毒有害气体检测设备

◎ 隧道内防爆照明

规格 自定。

隧道内防爆照明灯（BAJ52）的特点：①铸铝合金外壳，表面喷塑；②内装免维护镍镉电池组，正常供电时自动充电，事故断电或停电时应急灯自动点亮；③钢管或电缆布线均可。

该灯适用于1区、2区危险场所。也适用于ⅡA、ⅡB、ⅡC类爆炸性气体环境，可配装白炽灯或汞灯。

隧道内防爆照明示例见图5.2-13。

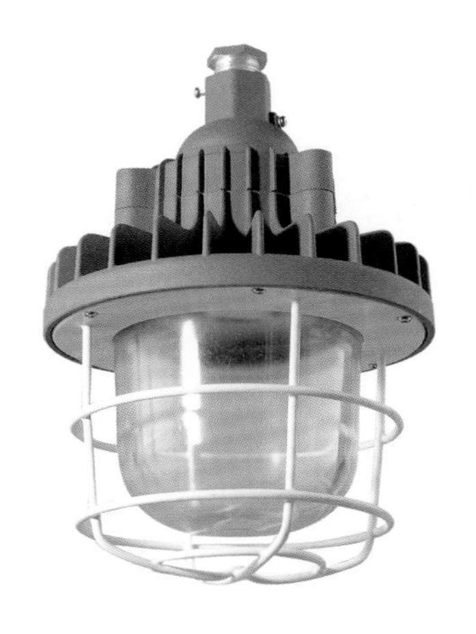

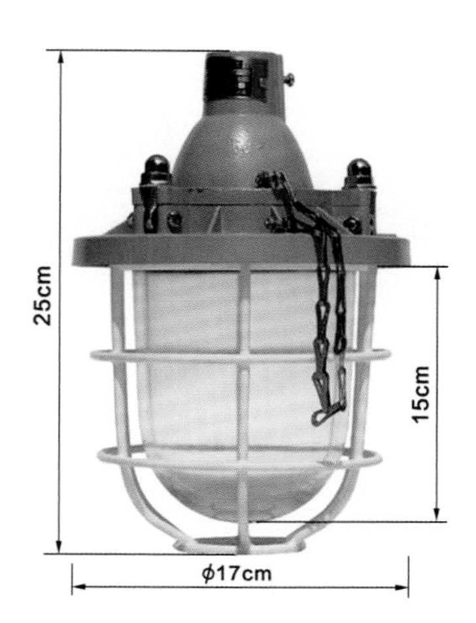

▶ 图5.2-13 隧道内防爆照明（国标100W）

◎ 双向警示告知牌

规格 自定。

立式安全告知牌一般由黄色PP材质制成。尺寸为210mm（上）×300mm（下）×620mm（高）。其特点：字迹清晰，可见度高，丝网印刷，油墨耐损。可放置在井口附近，提醒行人及车辆注意安全，提高警惕。

双向警示告知牌示例见图5.2-14。

▶ 图5.2-14　双向警示告知牌

◎ 照 明 头 灯

规格 自定。

在进行电缆竖井作业时会用到照明头灯（或手电筒）。该照明头灯应该坚固、能防水、能方便地和头盔相结合，其灯源应为射程远的白炽灯灯源，可靠性高。

照明头灯示例见图5.2-15。

▶ 图5.2-15　照明头灯

◎潜　水　泵

规格 自定。

（1）分类

井用潜水泵、清水型潜水泵、污水和污物型潜水泵、矿用隔爆型潜水泵、轴流潜水泵、矿井用高压潜水泵、大型潜水泵、螺杆潜水泵。

（2）选型原则

①使所选泵的类型和性能符合装置流量、扬程、压力、温度等工艺参数要求，最重要的是确定电压、最高扬程，以及在扬程多高的时候达到多少流量。详情请参考扬程最新相关规定。

②必须满足介质特性的要求，即

- 对输送易燃、易爆、有毒或贵重介质的泵，要求轴封可靠或采用无泄漏泵，如磁力驱动泵（无轴封，采用隔离式磁力间接驱动）。
- 对输送腐蚀性介质的泵，要求对流部件采用耐腐蚀性材料，如氟塑料耐腐蚀泵。
- 对输送含固体颗粒介质的泵，要求对流部件采用耐磨材料，必要时轴封采用清洁液体冲洗。

（3）机械方面的要求

可靠性高、噪声低、振动小。

潜水泵示例见图5.2-16。

▶ 图5.2-16　潜水泵

潜水泵水管

规格 **自定。**

不同类型的井选用不同类型的水管。深井一般选用钢管，因为钢管可以吊装潜水泵；浅井可选用软管。

潜水泵水管示例见图5.2-17。

▶ 图5.2-17　潜水泵水管

5.3 电缆试验

◎ 钢管扣件组装式安全围栏

规格 **参照《输变电工程安全文明施工标准化工作规范》。**

在进行电缆试验作业时，应设置安全围栏。安全围栏适用于施工区域临边防护。

（1）结构及形状

采用钢管及扣件组装，应由上下两道横杆及立杆组成。其中，立杆间距为2.0～2.5m，立杆打入地面50～70cm深，离边口的距离应不小于50cm；上横杆离地高度为1.0～1.2m，下横杆离地高度为50～60cm；杆件强度应满足安全要求，上横杆任何地方能经受任意方向的1000N外力；临空作业面应设置高180mm的挡脚板或安全立网。杆件应用红白油漆涂刷，且应间隔均匀，尺寸规范。

①立柱分为起步立杆（2个弯头）和转角立柱（4个弯头），立柱为直径48mm的钢管，高度为1200mm，扶手高度为600mm、1200mm；

②适用于现场施工楼层临边防护、道路侧边隔离、堆场之间及加工区之间的隔离；

③立杆为标准件，适用性强，安装时可横穿钢管，方便快捷（楼梯防护及楼层临边防护采用两道立杆）。

（2）使用要求

安全围栏应与警告标志、提示标志配合使用，固定方式应稳定可靠，人员可接近部位水平杆突出部分不得超出100mm。

钢管扣件组装式安全围栏示例见图5.3-1。

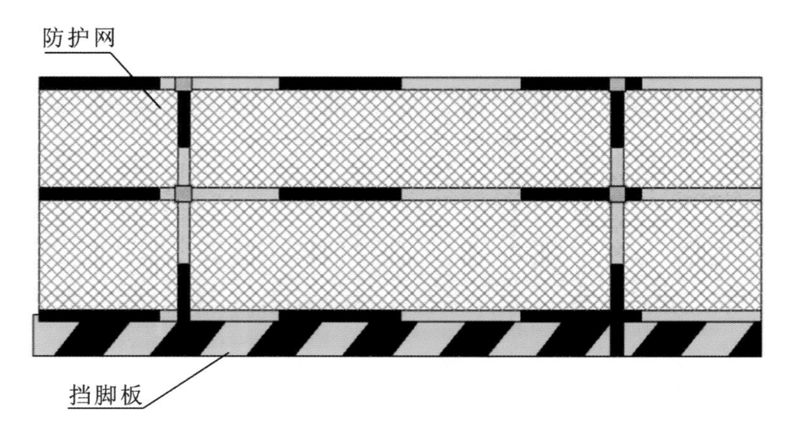

▶ 图5.3-1　钢管扣件组装式安全围栏

◎提 示 遮 栏

规格　参照《输变电工程安全文明施工标准化工作规范》。

（1）锥形临时防护遮栏（雪糕筒）用于暂时存放施工物料、机具的场所，以及临时施工区域分隔的场所；锥形筒白色部分为反光材料，红色部分为塑料；锥形筒之间距离应不大于2m，且围蔽区域或四角均应放置锥形筒；在交通道路上长期布置时，要考虑在转角和交叉处设置警示灯。

（2）临时提示遮栏及防护栏杆可用于以下场所：高压试验的场所周围、设备临时堆放区的四周、变电站主要电缆沟道临边。

（3）可根据施工实际情况选择提示遮栏，并挂上“禁止跨越”或“当心坑洞”等警示牌；防护栏杆应牢固稳定，做到符合标准和色标醒目。

（4）提示遮栏由立杆（高度为1.0～1.2m）和提示绳（带）组成，应与警示牌配合使用，固定方式可根据现场实际情况来选择，应保证稳定可靠。

提示遮栏示例见图5.3–2。

▶ 图5.3-2 提示遮栏

◎禁 止 标 志

规格 符合GB 2894—2008要求。

（1）禁止标志是禁止或制止人们想要做某种动作的标志。

（2）禁止标志牌为一长方形衬底牌，上方是圆形带斜杠的禁止标志，下方是矩形的补充标志，图形上、中、下间隔相等，中间斜杠斜度 α=45°。

（3）禁止标志牌的衬底为白色，圆形和斜杠为红色（M100 Y100），禁止标志符号为黑色（K100），补充标志为红底、黑色黑体字。

禁止标志示例见图5.3-3。

▶ 图5.3-3 禁止标志

警 告 标 志

规格 符合GB 2894—2008要求。

（1）警告标志是促使人们提高对可能发生危险的警惕性的标志。
（2）警告标志牌为一长方形的衬底牌，上方是正三角形警告标志，下方是矩形的补充标志，图形上、中、下间隔相等。
（3）警告标志牌的衬底为白色，正三角形及标志符号为黑色（K100），衬底为黄色（Y100），矩形补充标志为黑框黑体字，字为黑色，白色衬底。

警告标志示例见图5.3–4。

▶ 图5.3–4 警告标志

◎指 令 标 志

规格 符合GB 2894—2008要求。

（1）指令标志是强制人们必须做出某种动作或采取防范措施的图形标志。

（2）指令标志牌是为一长方形衬底牌，上方是圆形的指令标志，下方是矩形的补充标志，图形上、中、下间隔相等。

（3）指令标志牌的衬底为白色，圆形衬底为蓝色（C100），指令符号为白色，矩形补充标志为黑色框和黑色字符，字为黑体。

指令标志示例见图5.3–5。

▶ 图5.3–5　指令标志

◎ 友情提示牌

规格 800mm×500mm。

除山区及偏僻地区外，线路施工作业点应设置友情提示牌，尺寸为800mm×500mm，总高度为1500mm。

友情提示牌示例见图5.3-6。

▶ 图5.3-6　友情提示牌

◎ 密目式安全立网（或挡脚板）

规格 不低于800目/100cm^2（挡脚板厚18mm，高180mm）。

（1）密目式安全立网（简称密目网）用于作业层、平台、斜道四周或两侧防护，密目网宜放在杆件的里侧。

（2）密目网不低于800目/100cm^2（挡脚板厚18mm，高180mm）做耐贯穿试验时不穿透，6m×18m的单张网质量应在3.0kg以上，并应尽量满足环境在效果方面的要求。

（3）密目网必须有产品生产许可证、质量合格证及建筑安全监督管理部门发放的准用证等。严禁使用无证不合格的产品。密目网应绷紧、扎牢、拼接严密，不得使用破损的密目网。

密目式安全立网（或挡脚板）示例见图5.3-7。

▶ 图5.3-7　密目式安全立网（或挡脚板）

◎反　光　锥

规格　**自定。**

（1）反光锥可应用于所有道路的危险地段、施工场地、停车场及大型活动现场等，以便减少道路交通事故和大型活动现场的踩踏事故。路锥加荧光使警示更明显。
（2）有的路锥贴反光材料，有的路锥不贴反光材料。常规使用的路锥都贴有高亮度反光材料。
（3）反光锥应置于跨越架前150m处。

反光锥示例见图5.3-8。

▶ 图5.3-8　反光锥

减速防撞桶

规格 自定。

减速防撞桶的特点：质轻强度高、防腐耐候性强、抗冻防潮(水)、整体性好、装饰性好。此外，其回收价值低，不易被盗。

（1）防撞桶中灌沙或加水后，具有缓冲弹性，能有效吸收强大撞击力，减轻交通事故严重程度；组合使用后，整体承受力更强，更加稳固。

（2）防撞桶为橘红色，颜色鲜艳，贴上红白反光膜后在夜间更加醒目。

（3）体积大，醒目。

（4）安装和移动快速简便，不用机械，可节省成本，且不会损坏道路。

（5）可以随道路进行弯度调整，灵活方便。

减速防撞桶示例见图5.3–9。

▶ 图5.3–9　减速防撞桶

◎ 夜间警示灯

规格 自定。

夜间警示灯由电源、超低频振荡器和开关等组成，能控制警示灯在白天不亮，而在夜晚闪烁发出红光。将其安装在道路施工等场地，可以提醒人们注意安全。

夜间警示灯示例见图5.3–10。

▶ 图5.3–10 夜间警示灯

◎ LED导向灯

规格 自定。

LED导向灯由铝合金框架、箭头灯、LED透镜灯、反光膜、电池、开关等组成，具有提示方向和警示的作用，可用于道路、隧道。

LED导向灯示例见图5.3–11。

图5.3-11 LED导向灯

◎ 隧道内防爆照明

规格 **自定。**

隧道内防爆照明灯（BAJ52）的特点：①铸铝合金外壳，表面喷塑；②内装免维护镍镉电池组，正常供电时自动充电，事故断电或停电时应急灯自动点亮；③钢管或电缆布线均可。

该灯适用于1区、2区危险场所，也适用于ⅡA、ⅡB、ⅡC类爆炸性气体环境，可配装白炽灯或汞灯。

隧道内防爆照明示例见图5.3-12。

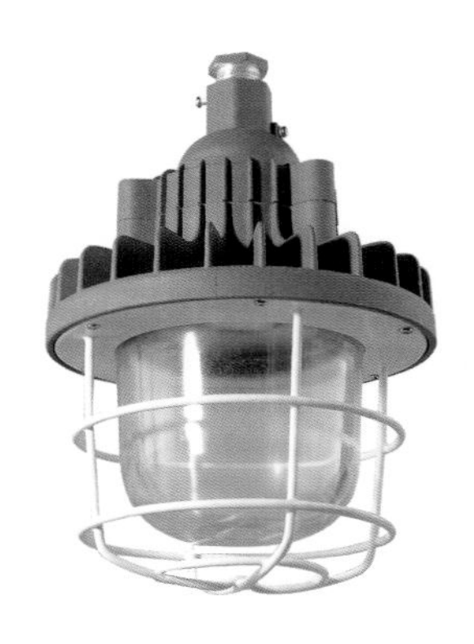

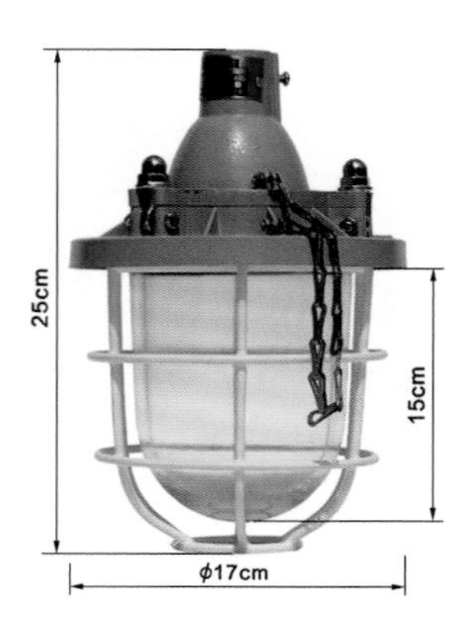

图5.3-12 隧道内防爆照明（国标100W）

◎绝　缘　杆

规格 自定。

绝缘拉杆包括绝缘杆和设置在绝缘杆端部的接头，绝缘杆与接头之间还设有一螺旋器件，该绝缘杆通过螺旋器件与接头相连接。

使用绝缘杆的注意事项如下：

（1）应对外观进行检查，并检查合格证，不得超过试验日期。

（2）所使用绝缘杆的电压等级与被操作设备的电压等级必须保持一致。

（3）使用时操作人员应手拿握手部分。要注意手不得超出护环，同时要戴绝缘手套，穿绝缘靴。

（4）雨天操作室外高压设备时，绝缘杆应配防雨罩。

（5）绝缘杆每年应进行一次定期试验，到期未进行试验的绝缘杆严禁使用。

绝缘杆示例见图5.3-13。

▶ 图5.3-13　绝缘杆

绝　缘　垫

规格 自定。

（1）5kV以下的配电室可用3mm厚的绝缘橡胶垫，3mm厚的绝缘橡胶垫耐压可达5kV。5kV以下的均可以使用。

（2）10kV配电室可使用5mm厚的绝缘橡胶垫，5mm厚的绝缘橡胶垫耐压可达10kV，使用5mm及以上厚度的绝缘橡胶垫比较合适。

（3）15kV配电室可使用6mm厚的绝缘橡胶垫，6mm厚的绝缘橡胶垫耐压可达15kV，一般15kV配电室使用6mm及以上规格产品。

（4）25kV配电室可使用8mm厚的绝缘橡胶垫，8mm厚的绝缘橡胶垫耐压可达25kV，所以8mm及以上厚度适合25kV配电室。

（5）30～35kV配电室可以使用10～12mm厚的绝缘橡胶垫，绝缘橡胶垫的耐压程度与其厚度成正比。

绝缘垫示例见图5.3-14。

▶ 图5.3-14　绝缘垫

绝 缘 硬 梯

规格 **自定。**

绝缘硬梯用于高空的电工作业，如带电线路作业、变电维护作业。其特点：梯撑和梯脚防滑、梯各部件外形无尖锐棱角、安全性高、绝缘性能强、防水性能好、耐腐蚀。

绝缘硬梯示例见图5.3-15。

图5.3-15　绝缘硬梯